Guía de estudio de anatomía y fisiología humana 1

(Primera Edición)

Por Michael Harrell, M. S.

© 2014 El profesor Michael Harrell, Todos los derechos reservados. Ninguna parte de este libro puede ser reproducida, almacenada o transmitida por ningún medio sin la autorización por escrito del autor.

Publicado en agosto de 2012

ISBN: 13-9781505207415

ISBN: 10-150520741X

Dedicación
Para mi esposa por su amor, dedicación y apoyo.

Tabla de contenido

PRÓLOGO   5

CH 1 - Cómo aprender Anatomía y Fisiología Humana   7

CH 2 - Organización Cuerpo y Terminología   13

CH 3 - Química del Cuerpo   36

CH 4 - Anatomía y Fisiología Celular   60

CH 5 – Tejidos   93

CH 6 - Sistema Tegumentario   118

CH 7 - Sistema Esquelético   134

CH 8 - Sistema Muscular   158

CH 9 - Sistema Nervioso   180

CH 10 – Cerebro   193

CH 11 - Médula Espinal   212

CH 12 - Sistema Nervioso Simpático y Parasimpático   224

CH 13 – Sentidos   232

Apéndice   258

PRÓLOGO

Bienvenidos a todos a su guía para Anatomía y Fisiología Humana! He estado enseñando anatomía nivel universitario y fisiología humana durante muchos años, así como otros cursos. Mis otras clases impartidas han sido: fisiopatología, biología, zoología, microbiología, y otros. En este tiempo he visto a miles de estudiantes. He aprendido a través de los años las mejores maneras de aprender la mayor cantidad de información en el menor tiempo posible. Hay dos maneras de estudiar, inteligentes o duras. Si va a seguir mi información y aprender los puntos clave de cada capítulo, usted hará un excelente grado en su clase de A y F. En cada capítulo concentrar sus esfuerzos en el aprendizaje de los términos clave. Los términos clave son los que tienen más probabilidades de ver en sus exámenes. Aprende a asociar palabras y cómo conectarlos.

Por ejemplo, "La anatomía es el estudio de la estructura del cuerpo humano." Mira a las palabras clave en esta frase, la anatomía y la estructura. Aprenda cómo elegir estos términos clave y recuerdo, no toda la frase o el párrafo completo de la información. Cuando se le presente un párrafo, página o lo que sea; simplemente memorizar las palabras clave y luego aprender a asociar ellos. Aprenda lo que tienen en común y ser capaz de hablar de una palabra a la siguiente. Esta será la mejor manera de aprender el texto de anatomía.

Voy a hacer la suposición de que cualquiera que lea este libro está tomando la anatomía y la fisiología humanas. De todos modos tendrá su texto, sino más bien como una referencia a las imágenes y tal. Esta guía le dará la información importante de los capítulos, que serán lo que son más propensos a ver en un examen. Ejemplos de preguntas se incluirán, que también son los más probable para que usted vea en un examen.

Tenga en cuenta también que este libro no es una guía para A y F laboratorio. Un libro laboratorio de anatomía es poco más que un libro con un montón de fotos en el mismo. Eso es lo que es la anatomía, la memorización de partes y piezas del cuerpo. Usted sólo tiene que mirar el cuadro en su libro y luego aprender las partes en un modelo. Usted puede estar buscando en un cráneo, cerebro, riñón, etc., es simple memorización. Este libro es más que le ayude con la conferencia.

Capítulo 1

Cómo aprender Anatomía y Fisiología Humana

Una guía para principiantes

Así es como vas a aprender la información contenida en su anatomía y fisiología de texto. En primer lugar, una enorme cantidad de información que va a venir a usted en un lapso muy corto de tiempo. La mayoría de las personas se pasan la vida evitando la ciencia, por lo que probablemente no estarán preparados. Considere cuánto tiempo le suele dedicar a estudiar para una clase y el triple de esa cantidad. Si quieres aprender a aplicar lo que está delante de ti, entonces ahora es el momento de empezar a trabajar.

Puntos para recordar:

1. ¿Estara' escrito bien? ¿Hace sentido? Una gran actitud es lo que puede tomar ahora. Cualquier instructor prefiere un estudiante C con una buena actitud sobre un estudiante de A con una mala actitud cualquier día de la semana. No importa cuando se pongan difíciles, nunca le de su instructor un mal rato. Ese instructor tiene una gran

potencia y el libro de calificaciones. No te olvides de esto, porque te puedo asegurar, su instructor no lo hará.

2. Desarrollar buenos hábitos de estudio y no dejes que nada interrumpa ellos. Humanos son criaturas de hábito, así que si te metes en una rutina regular de estudio, es probable que se quede con él.

3. Elimina todo lo que será una distracción para usted cuando usted está estudiando. Pregúntate a ti mismo, ¿qué es lo que usted siempre permita llamar su atención, mientras que usted está estudiando? Encuentra aislamiento durante su tiempo establecido para estudiar y no permita que nada lo que causaría una interrupción este lo suficientemente cerca de usted.

4. Al estudiar, leer sus notas y otro material de estudio. Si está escuchando a la información al mismo tiempo que usted está leyendo, es más probable que lo recuerde. La gente puede pensar que estás loco, pero van a ser las mismas personas, que están fallando a la clase, así que no te preocupes por eso.

5. Grabar a sí mismo leyendo sus notas con algún tipo de dispositivo de audio, para que pueda escuchar este regreso a ti mismo, cuando

tenga tiempo. Muchos estudiantes tienen largos viajes a la escuela y este es el tiempo que podría estar escuchando algo útil. No encienda el radio o escuche música inútil, cuando podría estar estudiando. La mayoría de la gente pasa al menos una o dos horas en el coche cada día, a fin de utilizar este tiempo sabiamente. ¿Cómo le gustaría tener un extra de dos horas aprendiendo todos los días?

6. Después de que usted se siente como que usted entiende la información, enseñario a otra persona. Si usted puede explicarlo a fondo un tema a alguien, mediante el uso de oraciones completas y no dece: "Ummmm", entonces es posible que sabé lo que está haciendo.

7. Haz una hoja de estudio corto y mantenlo en su bolsillo. Cada vez que usted tiene unos pocos minutos, en el medio de clase o lo que sea, saque el papel y mirar por encima de ella. Esos minutos se suman con el día.

8. Hacer dibujos de sus temas siempre que sea posible. Si te obligas a hacer una ilustración de las estructuras, células, etc., será más fácil de recordar. Pruébelo y usted lo encontrará que ayuda.

9. Cuando usted comienza a sentirse cómodo en el siguiente conjunto de material de la prueba, haz su propia prueba. ¿Crees que

es fácil de hacer un exàmen de 100 preguntas? Haga la prueba y verá que no es tan fácil. Después de escribir sus propias preguntas, darles a un amigo. Cuando empiezan a decir que ellos no entienden la pregunta, usted descubrirá que no es tan fácil como usted piensa.

10. Ahora bien, esta es una gente importante, así que no soplan! La mayor habilidad que nunca se puede aprender es saber cómo escuchar. ¿Qué es lo que dice? ¿Usted sabe cómo escuchar? ¿Alguna vez a sintonizado a alguien? Como tal vez su maestro en su última clase? Usted puede oír a alguien hablando, pero eso no significa que usted está oyendo las palabras. Si no puede repetir exactamente lo que acaba de decir el hablante, entonces no estabas escuchando. La mayoría de la gente nunca va dominar esta habilidad y sus calificaciones se reflejan.

11. La universidad no es algo que haces en tu tiempo libre. Al iniciar la universidad, se convierte en lo más importante que tienes que hacer y la vida es secundario. Si no puede encontrar el tiempo para poner en primer lugar la universidad, entonces usted no puede tener éxito.

Lo que usted encontrará en este libro.

La cantidad de información contenida en el texto promedio de la anatomía y la fisiología humana es enorme y la persona promedio no puede absorber mucha información en un corto período de tiempo. Lo que usted querrá hacer es aprender las palabras y frases clave para un bloque de información. Que entre otros ejercicios de aprendizaje le ayudará a retener la información más rápido y más eficientemente.

En el ejemplo, imagine que usted acaba de ver una película y quería decirle a un amigo acerca de lo que vio. Es obvio que no podía recordar todo lo que pasó en la película, pero que le recuerde las cosas tales como: personajes clave, eventos importantes, etc. Cuando usted tiene un gran volumen de información, lo que quieres hacer es recordar las palabras clave y saber cómo conectarlos. En otras palabras, elegir las palabras importantes y saben lo que tienen en común. Si se puede conectar las palabras contando una historia, es probable que tenga una comprensión razonable de la información.

Si nos fijamos en la organización de cualquier anatomía humana y fisiología de texto, todos ellos están organizados de la misma manera. Va a encontrar primero una visión general del libro, a continuación, una sección dedicada a la química, a continuación, la célula, etc. Vamos a cubrir esos temas en el mismo orden y ellos aprender uno a la vez. No hay sentido en perder el tiempo por más tiempo, vamos a empezar.

Capítulo 2
Organización Cuerpo y Terminología

Este capítulo cubrirá términos básicos que se necesitan para utilizar en todas las clases de anatomía y fisiología. Usted debe aprender esta sección si quiere tener alguna idea de lo que está sucediendo en su clase.

El primer capítulo de cualquier texto de anatomía y fisiología es siempre una introducción al material básico. Al leer esta información, concentrarse en recordar las palabras clave. Por ejemplo, cuando escuchas la palabra "anatomía", usted debe pensar de inmediato "estructura". Cualquier definición de la anatomía siempre incluye la estructura de las palabras. Al recordar una palabra clave llenará menos espacio en su cerebro, en ves que toda una frase o grupo de oraciones.

Anatomía - el estudio de la estructura del cuerpo humano. Aprender la anatomía no es más que la memorización de las estructuras. Por ejemplo, puede memorizar los huesos, músculos, nervios, etc.

Fisiología - el estudio de la función del cuerpo humano. Fisiología siempre se trata de la comprensión de cómo funcionan las estructuras. Al estudiar el corazón, puede memorizar las cámaras, válvulas, etc., y eso es sólo la parte de la anatomía. Usted también puede aprender cómo las cámaras y válvulas funcionan juntos y que es la fisiología. Así que no se olvide de esas palabras clave y que debe hacer bien.

Niveles de organización del cuerpo humano. El cuerpo humano puede estudiarse en todos estos niveles.

Nivel	Ejemplo
Química	ADN, dióxido de carbono, oxígeno, hidrógeno
Orgánulos	mitocondrias, retículo endoplasmático
Las células	células blancas de la sangre, muscular, osteocitos
Tejidos	La sangre, conectivo, nervioso
Órgano	corazón, hígado, bazo, estómago
Sistema de órganos	cardiovascular, reproductivo
organismo	humano, perro

Un curso introductorio siempre le preguntará al menos una pregunta sobre el orden de estos niveles. Asegúrese de que puede enumerarlos desde el nivel más pequeño (química) hasta el nivel más alto (organismo). De vez en cuando un instructor también le pedirá un ejemplo de cada nivel, pero eso es relativamente fácil. Ejemplos de cada nivel se dan anteriormente, ver si se puede subir con sus propios ejemplos.

El siguiente tema que cubriran son 11 sistemas de órganos del cuerpo. Para el capítulo uno todo lo que necesita saber es qué estructuras están en el sistema y cuáles son las funciones básicas. A continuación se ofrece una lista de estas.
El cuerpo humano contiene 11 sistemas de órganos y la anatomía sistémica es el estudio de esos sistemas.

1. Sistema cardiovascular - corazón, la sangre, las arterias, las venas. Transporta materiales en todo el cuerpo - como nutrientes, gases, desechos, hormonas, células, etc. Además, mueve el calor alrededor del cuerpo en la sangre.

2. Sistema nervioso - cerebro, la médula espinal, los nervios, los receptores sensoriales. Este es el sistema de control principal del cuerpo. Es responsable de la percepción de la sensación y el control de las funciones motoras. Otras funciones son: el pensamiento, las emociones, la memoria, el razonamiento, etc.

3. Sistema endocrino -Es el otro sistema de control principal del cuerpo, que se compone de muchas glándulas endocrinas del cuerpo. Este sistema tiene que ver con las hormonas (señales químicas) que se utilizan para la comunicación.

4. Sistema linfático - amígdalas, ganglios, vasos linfáticos, los ganglios linfáticos, la glándula del timo y el bazo. Las funciones incluyen: la lucha contra la enfermedad, regresando el líquido de los tejidos y absorbe las grasas a lo largo del tracto gastrointestinal.

5. Sistema tegumentario - incluye la piel, el cabello, las uñas, algunas glándulas (sudor, sebácea, ceruminous, y mamaria). Protege el cuerpo, regula la temperatura, mantiene materiales, y produce vitamina D.

6. El sistema digestivo - cavidad oral, glándulas salivales, faringe, esófago, estómago, hígado, vesícula biliar, páncreas, intestino delgado, intestino grueso, el apéndice, el recto. Este sistema descompone los alimentos, absorbe materiales y elimina los desechos.

7. Sistema esquelético - huesos, cartílagos, ligamentos, articulaciones. El sistema es compatible con el cuerpo, protege órganos profundos, almacena materiales y produce células sanguíneas.

8. Sistema muscular - los músculos y los tendones. El sistema es responsable del movimiento del cuerpo, mantiene la postura, y produce la mayor parte de nuestro calor corporal.

9. Sistema respiratorio - nariz, cavidad nasal, faringe, laringe, tráquea, bronquios, pulmones. Sistema intercambia gases (oxígeno y dióxido de carbono) entre la sangre y el aire. También es un regulador de pH del cuerpo (concentración de iones de hidrógeno).

10. Sistema urinario - riñones, uréteres, vejiga urinaria, la uretra. Este es el principal sistema de eliminación de desechos del cuerpo. El agua saldos del sistema, regula el pH y equilibra muchos materiales en el cuerpo.

11. Sistema reproductivo
Masculinos - testículos, pene, epidídimo, conducto deferente, vesículas seminales, la glándula de la próstata. El sistema produce y transfiere las células reproductivas del macho a la hembra y produce hormonas.
Mujer - glándulas mamarias, los ovarios, el útero, la vagina, las trompas uterinas. El sistema produce hormonas, células reproductoras, proporciona un espacio para el desarrollo fetal y produce leche.

En el capítulo 1, siempre se le preguntará, "¿Cuál es la posición anatómica?" Usted debe tener una idea general de lo que esta posición es y cómo usarlo. La forma en que se utiliza es que siempre se asume que una persona está en esta posición a menos que se le indique lo contrario. Esta posición es más comúnmente utilizado en la aplicación de los términos direccionales se ve a continuación. Así que si usted tiene una pregunta que dice: "Cuando una persona está de pie sobre la cabeza, los ojos son considerados como lo que en relación con la boca?" Esta es una pregunta con trampa para asegurarse de que, siempre asumir la posición anatómica. No importa si una persona está al revés o no, sus ojos son siempre superiores a la boca. La razón de ser, superior significa más cerca de la parte superior de la cabeza, no hacia arriba. Otra pregunta común se pregunta sobre la palma de las manos y en qué dirección están enfrentando? Las palmas se enfrentan siempre hacia adelante, que es anterior. No se olvide de esta posición y mirar una foto para recordar lo que una persona ve como, como una persona se ve en esta posición.

Posición anatómica - ¿Qué es esta posición?

Extremidades inferiores rectas, los pies juntos, el tronco del cuerpo es, extremidades rectas superiores a los lados, las palmas hacia delante, los dedos juntos, cuello recto, la cabeza hacia delante, la boca cerrada y los ojos abiertos. Siempre piensa en una imagen de su texto, que muestra esta posición.

Términos direccionales utilizados en anatomía:

Superior - hacia la parte superior de la cabeza. Superior no significa arriba, esto es muy importante.

Inferior - lejos de la parte superior de la cabeza. Inferior no significa abajo.

Anterior (ventral) - hacia la parte delantera del cuerpo.

Posterior (dorsal) - hacia la parte posterior del cuerpo. En la parte posterior de un tiburón que se ve una aleta dorsal.

Medial - hacia la línea media (centro) del cuerpo. Imagina una línea por el centro de su cuerpo.

Lateral - lejos de la línea media del cuerpo.

Profundo - lejos de la superficie del cuerpo.

Superficial - hacia la superficie del cuerpo.

Proximal - hacia el inicio o el final adjunto.

Distal - distancia desde el principio o el final adjunto.

Usted, sin duda, va tener varias preguntas sobre términos direccionales en la prueba 1. Asegúrese de que puede usar estos términos, ya que se utilizarán a lo largo de todo el texto.

La homeostasis

La homeostasis se significa: "Un ambiente relativamente constante en el cuerpo." Note el término "relativamente", porque esto es muy importante. Si se tiene en cuenta algo, como la temperatura de su cuerpo, todo el mundo sabe que el 98.6 F es la temperatura normal para la mayoría de la gente, pero hay momentos en que nuestro cuerpo se desvía de esto. Una pequeña cantidad de desviación es aceptable siempre y cuando que es para un corto período de tiempo.

Ahora recuerde que siempre hay dos mecanismos en el cuerpo que siempre están trabajando para mantenernos en la homeostasis y son comentarios positivos y negativos.

El voto negativo es cuando el cuerpo va en contra de una desviación de lo que es normal. En otras palabras, si la temperatura de su cuerpo comienza a subir, pregúntese: "¿Qué hace que tu cuerpo haga en respuesta?" Obviamente, su cuerpo va a sudar por el calor. ¿Qué hace sudar al cuerpo? La sudoración nos enfría a una temperatura normal. ¿Cuál fue el estímulo original? Calentamiento. ¿Cuál es la respuesta del cuerpo? Que se enfríe. El enfriamiento es lo contrario de la calefacción, así que esto es por qué se llama retroalimentación negativa. Negativo es cuando el cuerpo va en contra de la desviación, en otras palabras, trata de invertir el estímulo original. Casi todos los sistemas de retroalimentación en el cuerpo humano son de tipo negativo.

En casos raros, verá ejemplos de retroalimentación positiva. La retroalimentación positiva es cuando el cuerpo permite una desviación de lo que es normal para un periodo de tiempo. La mayoría de los casos de retroalimentación positiva se producen con las hormonas. Un ejemplo es cuando una mujer se queda embarazada una hormona llamada oxitocina se libera en cantidades cada vez mayores. Este aumento en los niveles de oxitocina es anormal, pero el cuerpo no se detiene su lanzamiento. El cuerpo va a permitir que esta versión, ya que es necesaria para las contracciones uterinas durante el parto. Después de la entrega del cuerpo se detendrá la liberación de oxitocina y todo vuelve a la normalidad. Punto siendo retroalimentación positiva es cuando el cuerpo pasa con una desviación. Va con cualquier duda referentes a la homeostasis, la retroalimentación negativa y retroalimentación positiva.

Características de la vida
Usted tendrá que saber las seis características de la vida para un examen. Estas características se utilizan para definir la vida misma. ¿Cómo saber si algo está vivo? Pregúntate a usted mismo qué exponer las seis características se enumeran a continuación:
1. Crecimiento - un aumento en el tamaño o número de células.
2. Metabolismo - toda la vida tiene las reacciones químicas dentro de ella.
3. Desarrollo - toda la vida cambia a través del tiempo.
4. Organización - Todas las especies tienen un acuerdo común de las estructuras.
5. Capacidad de respuesta - toda la vida reacciona a su entorno.
6. Reproducción - nada permanece para siempre, tiene que reproducirse.
Asegúrese de memorizar estas seis características; usted tendrá por lo menos una pregunta sobre estos temas.

Las cavidades corporales
1. Cavidad torácica - rodeado por el esternón, costillas, vértebras, y el diafragma. Encierra el corazón, los pulmones, el timo, la tráquea y el esófago.
2. Cavidad pericárdica - rodea el corazón. Es una cavidad dentro de la torácica.
3. Cavidad pleural - uno rodea cada pulmón. Usted tiene dos

cavidades pleurales alrededor de cada pulmón, dentro de la cavidad torácica.
4. Cavidad abdominal - encierra el hígado, la vesícula biliar, los dos riñones, estómago, páncreas, bazo, intestino delgado, intestino grueso, uréteres, y otras estructuras.
5. Cavidad pélvica - encierra la vejiga urinaria, las partes inferiores de los uréteres, la parte de los intestinos y los ovarios y el útero de la hembra.
6. Cavidad abdominopélvica - tiene todas las estructuras que se encuentran en las cavidades abdominales y pélvicas. Esto es sólo una combinación de las cavidades abdominales y pélvicas.

Membranas serosas
Las cavidades corporales mencionados anteriormente poseen dos membranas dentro de ellos. Uno de ellos es siempre en la superficie externa del órgano y el otro será rodear la primera.
1. Membrana visceral - la membrana interna se encuentra en la superficie del órgano interior de una cavidad corporal.
2. Membrana parietal - la membrana externa, que rodea la membrana visceral.
Entre las dos membranas se encuentra líquido seroso. Este líquido tiene 2 funciones: reducir la fricción y la celebración de los órganos en su lugar.

Planos de seccionamiento
El cuerpo humano y todo su contenido son objetos tridimensionales. Cualquier objeto tridimensional puede ser diseccionado en cualquiera de las tres formas. Estos planos describen cómo se disecó una estructura y verás estos aviones durante todo un texto de anatomía. Si usted entiende estos tres planos, entonces usted sabrá cómo una estructura ha sido cortado abierto.
1. Transversal / plano horizontal - separa las estructuras en las mitades superior e inferior.
2. Frontal / plano coronal - estructuras separa en dos mitades anterior y posterior.
3. Plano sagital - estructuras separa en dos mitades izquierda y derecha.

Midsaggital - mitades iguales
Parasagital - mitades desiguales

4 Cuadrantes de la cavidad abdominopélvica
La cavidad abdominopélvica se puede separar en cuatro cámaras mediante el uso de dos líneas que se intersectan en el naval. Estos cuatro cámaras contienen órganos y lo que necesita saber qué órganos están en esos cuatro cámaras. Las cámaras son el CSD cuadrante superior derecho, cuadrante superior izquierdo CSI, inferior ICD cuadrante derecho, e inferior ICI cuadrante izquierdo. Usted tiene preguntas acerca de los órganos y en qué cuadrante se encuentran.
CSD - hígado, la vesícula biliar, riñón derecho, intestino delgado, intestino grueso, parte superior del uréter derecho
CSI - hígado, estómago, riñón izquierdo, intestino delgado, intestino grueso, el bazo, el páncreas, parte superior del uréter izquierdo
ICD - intestino grueso, el intestino delgado, apéndice, vejiga urinaria
ICI - intestino grueso, intestino delgado, vejiga urinaria

Regiones del cuerpo
El cuerpo humano se divide en muchas regiones y si usted aprenderá estas regiones ahora, será de gran ayuda en los próximos capítulos. Muchas estructuras en el cuerpo humano son nombrados por estas regiones, por lo que si los aprende ahora, será mucho más fácil de recordar los nombres de los músculos, huesos, nervios, etc. Su texto contendrá una lista completa de todas las regiones del cuerpo, pero preguntas del examen se pueden preguntar por el siguiente:
Nombre anatómico para las regiones interpretación Inglés
1. cabeza cefálica
2. cuello cervical
3. pecho torácica
4. axilar axila
5. hombro-brazo hasta el codo
6. codo antebraquial a la muñeca
7. muñeca carpiano

8. cadera femoral de la rodilla
9. rodilla crural al tobillo
10. astrágalo
11. dedos digitales o de los pies
12. hombro acromial

Ver el texto para una lista completa.

Todo esto es un resumen de muchas páginas en el texto. Asegúrese de saber este material.

PREGUNTAS

1. Lista los 6 niveles de organización del cuerpo humano en orden de menor a mayor. También, dar un ejemplo de cada nivel.

2. Lista los 11 sistemas de órganos del cuerpo humano.

3. Describir la posición anatómica.

4. Enumerar las 6 cavidades que se encuentran en el cuerpo humano.

5. ¿Cuáles son las funciones de las membranas serosas?

6. Lista los 3 planos de corte.

7. Lista los 4 cuadrantes de la cavidad abdominopélvica y los órganos que se encuentran en ellos.

Capítulo 2 - Preguntas de estudio

1. Una inflamación de la cavidad del cuerpo que rodea el pulmón sería?
a. pleuresía
b. pericarditis
c. hepatitis
d. peritonitis
e. endocarditis

2. Sistema del cuerpo que incluye el bazo?
a. sistema endocrino
b. sistema linfático
c. sistema reproductivo
d. sistema tegumentario
e. sistema digestivo

3. Sistema del cuerpo que incluiría los ovarios, las glándulas suprarrenales y la glándula pituitaria?
a. sistema endocrino
b. sistema linfático
c. sistema reproductivo
d. sistema tegumentario
e. sistema digestivo

4. Sistema del cuerpo que regula el cuerpo a través del uso de hormonas?
a. sistema nervioso
b. sistema endocrino
c. sistema linfático
d. sistema tegumentario
e. sistema digestivo

5. Que comemos, nuestros niveles de azúcar en la sangre se elevan. Nuestro cuerpo libera insulina para bajar nuestros niveles de azúcar en la sangre. Este sería un ejemplo de qué?
a. retroalimentación positiva
b. retroalimentación negativa
c. retroalimentación hacia adelante
d. retroalimentación derecho
e. Ninguna de las anteriores

6. ¿Cómo se define la homeostasis?
a. el medio ambiente relativamente constante fuera de su cuerpo.
b. las desviaciones vistos alrededor de nuestro cuerpo.
c. El ambiente relativamente constante dentro de su cuerpo
d. todo lo anterior
e. Ninguna de las anteriores

7. La mayoría de los sistemas de retroalimentación de nuestro cuerpo son de qué tipo?
a. retroalimentación negativa
b. retroalimentación positiva
c. realimentación de bucle
d. mayor retroalimentación
e. retroalimentación menor

8. ¿Cuál de los siguientes no es consistente con la homeostasis?
a. Cuando tehemos frío, comenzamos a temblar
b. Cuando lleguemos bajo en agua, obtenemos sed
c. Cuando la presión arterial se eleva, nuestro ritmo cardíaco disminuirá
d. Cuando tenemos la pérdida de sangre, nuestras plaquetas tapar tejido se desgarra
e. Cuando la temperatura de nuestro cuerpo cae, comenzamos a sudar

9. La retroalimentación positiva es cuando nuestro cuerpo trata de hacer qué?
a. Hacer una desviación de la homeostasis más fuerte y lo permita.
b. Funciona en contra de una desviación y hace que la desviación más pequeña.
c. tanto a como b
d. ni a o b

10. Si se le preguntara, "¿Cuáles son tus dedos en relación con el codo?" La respuesta correcta sería?
a. lateral
b. proximal
c. profundo
d. distal
e. superior

11. Si se le preguntara, "¿Cuál es su nariz en relación a sus oídos?" La respuesta correcta sería?
a. inferior
b. distal
c. medio
d. lateral
e. superficial

12. Si se le preguntara, "¿Cuál es su esternón es su relación con la columna vertebral?" La respuesta correcta es?
a. lateral
b. anterior
c. profundo
d. posterior
e. lateral

13. Si se le preguntara, "¿Cuál es tu cerebro en relación con su cráneo?" La respuesta sería _____?
a. lateral

b. anterior
c. profundo
d. posterior
e. lateral

14. Si se le preguntara, "¿Cuál es su nariz en relación a la boca?" La respuesta sería ____?
a. superior
b. inferior
c. medio
d. superficial
e. lateral

15. Si se le preguntara, "¿Cuál es su cavidad abdominal se relación con su cavidad torácica?" La respuesta sería _____?
a. profundo
b. superior
c. inferior
d. anterior
e. posterior

16. Si se le preguntara, "¿Cuál es su relación con la rodilla en el tobillo?" La respuesta sería _____?
a. superior
b. inferior
c. distal
d. proximal
e. anterior

17. El cuello también se conoce como la región _____?
a. región epigástrica
b. región axilar
c. región inguinal
d. región crural
e. región cervical

18. La región de su hombro hasta el codo es la región _____?
a. región braquial
b. región antebraquial
c. región femoral
d. región pélvica
e. región del carpo

19. La región de la muñeca también se conoce como la región _____?
a. región axilar
b. región braquial
c. región digitales
d. región del carpo
e. región tarsal

20. La región de la rodilla hasta el tobillo que se conoce como la región _____?
a. región crural
b. región tarsal
c. región malar
d. región frontal
e. región pedal

21. La región detrás de la rodilla es la región _____?
a. región crural
b. región poplítea
c. región malar
d. región frontal
e. región pedal

22. La parte inferior de su pie es la región _____?
a. región glútea
b. región femoral
c. región lumbar

d. región torácica
e. región plantar

23. El área de la espalda baja es la región _____?
a. región cervical
b. región lumbar
c. región torácica
d. región coccígea
e. región sacra

24. El área de la cabeza es la región _____?
a. región cervical
b. región crural
c. región cefálica
d. región inguinal
e. región tarsal

25. La parte posterior del codo es la región _____?
a. región olécranon
b. región inguinal
c. región craneal
d. región bucal
e. región pedal

26. ¿Cuál cavidad del cuerpo va a encontrar inferior al diafragma?
a. cavidad pericárdica
b. cavidad pleural
c. cavidad torácica
d. cavidad abdominal
e. cavidad craneal

27. ¿Cuál cavidad corporal encerrará la vejiga urinaria?
a. cavidad pericárdica
b. cavidad pleural
c. cavidad torácica

d. cavidad abdominal
e. cavidad pélvica

28. ¿Cuál de nuestros cuadrantes abdominopélvicas contiene la vesícula biliar?
a. superior derecha
b. superior izquierda
c. inferior derecha
d. inferior izquierda

29. ¿Cuál de nuestros cuadrantes abdominopélvicas contiene el apéndice?
a. superior derecha
b. superior izquierda
c. inferior derecha
d. inferior izquierda

30. ¿Cuál de nuestros cuadrantes abdominopélvicas contiene el bazo?
a. superior derecha
b. superior izquierda
c. inferior derecha
d. inferior izquierda

31. ¿Cuál de nuestros cuadrantes abdominopélvicas contiene el riñón derecho?
a. superior derecha
b. superior izquierda
c. inferior derecha
d. inferior izquierda

32. ¿Qué sistema es responsable de nuestra producción de células sanguíneas?
a. cardiovascular
b. muscular

c. linfático
d. respiratorio
e. esquelético

33. El bazo, el estómago y el corazón se encontrarían en qué nivel de la organización?
a. químico
b. célula
c. tejido
d. órgano
e. sistema de órganos

34. Sistema del cuerpo que se encarga de la continuación de la especie?
a. cardiovascular
b. muscular
c. linfático
d. respiratorio
e. reproductivo

35. ¿Qué sistema del cuerpo contiene cartílago?
a. cardiovascular
b. muscular
c. linfático
d. respiratorio
e. esquelético

36. Sistema del cuerpo que se encarga de la producción de vitamina D?
a. sistema tegumentario
b. sistema cardiovascular
c. sistema linfático
d. sistema muscular
e. sistema respiratorio

37. ¿Qué sistema del cuerpo absorbe las grasas y devuelve fluido detrás de la mayoría de los tejidos?
a. sistema tegumentario
b. sistema cardiovascular
c. sistema linfático
d. sistema muscular
e. sistema respiratorio

38. ¿Cuáles son nuestros dos principales sistemas de regulación del cuerpo?
a. respiratorio y cardiovascular
b. digestivo y linfático
c. urinario y respiratorio
d. nervioso y endocrino
e. tegumentario y reproductiva

39. ¿Qué sistema del cuerpo elimina la mayor parte de nuestros residuos?
a. sistema digestivo
b. sistema urinario
c. sistema respiratorio
d. sistema tegumentario
e. sistema muscular

40. En la posición anatómica, icual el hueso del antebrazo es lateral?
a. húmero
b. radio
c. cubito
d. tibia
e. peroné

41. ¿Qué avión te dejará con las mitades superior e inferior?
a. plano transversal
b. plano frontal
c. plano sagital

42. ¿Qué avión te dejará con mitades izquierda y derecha?
a. plano coronal
b. plano frontal
c. plano sagital

43. ¿Qué avión te dejará con mitades anterior y posterior?
a. plano mediano
b. plano frontal
c. plano sagital

44. ¿Qué término direccional significa más cerca de la superficie?
a. anterior
b. posterior
c. lateral
d. superficial
e. profundo

45. ¿Qué término direccional significa hacia la parte delantera del cuerpo?
a. anterior
b. posterior
c. lateral
d. superficial
e. superior

46. ¿Qué término direccional significa lejos de la parte superior de la cabeza?
a. inferior
b. posterior
c. lateral
d. superficial
e. superior

47. El término que significa direccional lejos de la superficie?
a. anterior
b. posterior
c. lateral
d. superficial
e. profundo

48. ¿Qué término direccional significa hacia el centro del cuerpo?
a. anterior
b. posterior
c. medio
d. lateral
e. profundo

49. El pecho es qué región del cuerpo?
a. cervical
b. inguinal
c. femoral
d. pectoral
e. tarsal

50. La parte delantera del codo es qué región?
a. antecubital
b. braquial
c. acromial
d. poplíteo
e. sacro

CAPÍTULO 2 - Respuestas a las preguntas de opción múltiple.

1. A
2. B
3. A
4. B
5. B
6. C
7. A
8. E
9. A
10. D
11. C
12. B
13. C
14. A
15. C
16. D
17. E
18. A
19. D
20. A
21. B
22. E
23. B
24. C
25. A
26. D
27. E
28. A
29. C
30. B
31. A
32. E
33. D

34. E
35. E
36. A
37. C
38. D
39. B
40. B
41. A
42. C
43. B
44. D
45. A
46. A
47. E
48. C
49. D
50. A

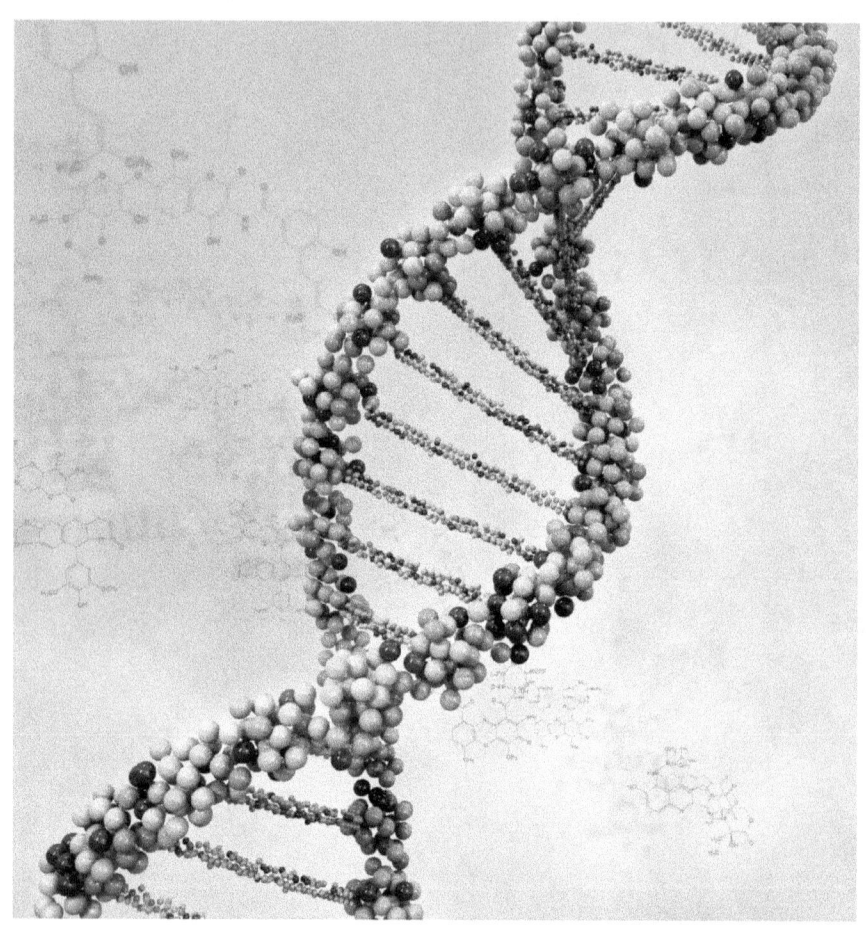

CAPÍTULO 3

Química del Cuerpo

El segundo capítulo de su texto puede contener información sobre la química del cuerpo. Este capítulo puede ser dominado por el aprendizaje definiciones y ejemplos de ellos básicos de química en el cuerpo. Si ya ha tomado algunas clases de química introductorias, esta sección debe ser fácil para usted. Algunos instructores elegirán saltarse este capítulo, ya que se supone que usted ya sabe la química básica. Usted debe estar familiarizado con lo siguiente:

Una vez más - prestar atención a las palabras clave.

1. Los elementos más comunes en el cuerpo humano son: hidrógeno, oxígeno, carbono y nitrógeno.

2. Los átomos están compuestos de 3 partículas subatómicas: protones, electrones y neutrones. Asegúrese de saber que cada uno tiene los siguientes cargos:

Los protones = carga positiva

Los electrones = carga negativa

Neutrones = sin cargo

Los términos comunes asociados con el átomo son:

Número atómico - el número de protones que se encuentran en un átomo. Este es también el número de electrones que se encuentran en el átomo.

Número de masa - el número de protones y neutrones.

Isótopos - un elemento en el que el número de neutrones puede variar.

Núcleo - la parte central de un átomo, que contiene protones y neutrones.

Elemento - una sustancia que consta de un solo tipo de átomo. La forma más simple de una sustancia.

Compuesto - una sustancia constituida por dos o más tipos diferentes de átomos.

El número de Avogadro - 6.022×10^{23}

Este número se utiliza para describir el número de átomos o moléculas de alguna sustancia en solución. Así es como se miden los átomos. Medimos los huevos por docenas, agua por galones y átomos por este número.

3. Hay dos tipos de enlaces químicos: iónico y covalente.

Enlace químico iónico se produce cuando los electrones se intercambian de un átomo a otro. En este tipo de enlace químico, algo tenía que perder y electrones y algo tenía que ganarlo. Recuerde, y esto es un error muy común, protones nunca se intercambian o compartidos entre los átomos. Sólo los electrones se mueven, durante la unión química. Esto creará partículas cargadas, llamadas iones. Dos tipos de partículas cargadas se sale después de la unión iónica. Estas dos partículas serán o positivos (cationes) o negativos (aniones). Cuando estos iones están en agua, que siempre están en el cuerpo humano, serán llamados electrolitos. Los electrolitos reciben este nombre porque conducen muy bien la electricidad.

Así que vamos a preguntarnos esto, "¿Cómo de sodio (Na) cambio en iones de sodio (Na +)? Cualquier cosa con una carga positiva perdido un electrón, así que cualquier cosa con una carga negativa tenía que haber ganado un electrón. Na pierde un electrón para convertirse en Na +. Desde que perdió un electrón, que ahora tiene una carga positiva extra, así que es donde el + viene.

¿Cómo podría cambiar el en Cl? Tendría que ganar un electrón. Con el electrón negativo extra, esto le da la carga negativa y el símbolo.

El enlace covalente química se produce cuando los electrones son compartidos entre los átomos. Después de este intercambio de electrones enlaces covalentes serán o polar o no polar. Recuerde que los electrones siempre se comparten en parejas, así que o 2 o 4 son compartidos. Aquí es donde obtenemos la unión covalente simple o doble.

Enlaces químicos covalentes polares se producen cuando se produce un reparto desigual de los electrones. Las moléculas de agua son siempre buenos ejemplos de polar enlace químico covalente. Debido a este tipo de bonos, todas las moléculas de agua son como pequeños imanes. Estos pequeños imanes siempre atraen otras partículas cargadas a ellos.

Enlaces covalentes no polares se producen cuando los electrones se comparten por igual. Los lípidos se forman de esta manera, y como resultado no tienen cargos. Esto es por qué el aceite y el agua no se mezclan.

Cuando se produce la unión química vamos a terminar con los siguientes materiales:

Moléculas - que nos da dos o más átomos combinados químicamente. Además, recuerde que los átomos combinados pueden ser de los mismos tipos de materiales o de diferentes tipos. Por ejemplo, H2 (mismos átomos combinados) o CO_2 (diferentes materiales combinados).

Compuestos - donde usted tiene dos o más átomos combinados, pero debe estar compuesto por al menos dos o más tipos diferentes de átomos. Por ejemplo, el CO_2 y H_2O son ambos compuestos, pero H_2 no lo es. H_2 está compuesta sólo de hidrógeno y debe tener al menos dos tipos diferentes de átomos de ser un compuesto.

Masa - el total de los pesos atómicos para cualquier molécula o compuesto. Si nos fijamos en la tabla periódica de los elementos de la masa para cada átomo aparece en la parte inferior. Sólo tienes que añadir estos números para cada átomo en una molécula para obtener la masa.

4. Reacciones de síntesis - una reacción química en la que se produce la construcción. En otras palabras, los materiales se están montando. El anabolismo es sinónimo de reacciones de síntesis. A menudo, el agua se pierde por los reactivos (lo que entra en la reacción) y se forma una molécula de agua. Esta pérdida de agua de los reactantes se denomina deshidratación.

5. Reacciones de descomposición - cualquier reacción química en la que los materiales se rompen en pequeños componentes. El catabolismo es un sinónimo de reacciones de descomposición. A menudo, el agua es consumida por los reactivos en reacciones de descomposición. Este consumo de agua se llama hidrólisis.

En cualquier reacción química siempre recuerde:

Reactivos = los materiales entran en una reacción química (lo que se puso en).

Productos = lo que sale de una reacción química (lo que sale).

Por ejemplo: $2H + O \rightarrow H_2O$

Este texto es el siguiente: dos de hidrógeno más uno de oxígeno, los rendimientos de H_2O (agua).

Reacciones reversibles son reacciones químicas en las que siempre se está equilibrando los materiales que entran y salen de una reacción. Estos materiales serán siempre tratando de llegar a un estado de equilibrio. Hay una reacción reversible muy importante en el cuerpo y es como sigue:

$CO_2 + H_2O \leftrightarrow H_2CO_3 \leftrightarrow H^+ + HCO_3^-$

Esta reacción química se lee: dióxido de carbono se combina con agua para dar ácido carbónico, que se disocia en iones hidrógeno y de iones bicarbonato. Esta reacción química es muy importante porque muestra la relación entre el dióxido de carbono y agua. Recuerde siempre, pase lo que pase en dióxido de carbono, pasa a iones de hidrógeno. En otras palabras, si los niveles de dióxido de carbono aumentan también lo harán los niveles de iones de hidrógeno. Si los niveles de dióxido de carbono disminuyen, por lo que los iones de hidrógeno voluntad. Esto será muy importante cuando se discute el sistema respiratorio y el equilibrio ácido-base.

6. Las reacciones de oxidación / reducción

La oxidación - la pérdida de un electrón de un poco de material.

Reducción - la obtención de un electrón por algún material.

Estos dos términos son fáciles de confundir. Tenga en cuenta que la reducción es la obtención de un electrón. Usted podría preguntarse, "¿Cómo es la obtención de un electrón igual a la reducción?" Recuerde que los electrones tienen una carga negativa, así que si algunos beneficios materiales un electrón, la carga se reduce. La reducción de la carga es donde el término viene.

7. Reacciones Químicas

Las reacciones químicas en nuestro cuerpo se ven afectados por muchas variables, una de estas variables es la temperatura. A medida que aumenta la temperatura, las reacciones químicas disminuyen y justo lo contrario se aplicarán también. Es probable que usted tiene una pregunta sobre el tema de la temperatura y las reacciones químicas.

La concentración de los reactivos también afectará a la velocidad de las reacciones químicas. Los más reactivos que están presentes, se producirá el más rápido de una reacción química. En el interior de nuestras células tenemos unas proteínas llamadas catalizadores. Estas proteínas son las que aceleran las reacciones químicas. Velocidad de reacción química se incrementa a veces por un factor de un millón.

8. Materiales inorgánicos comunes dentro del cuerpo humano se discuten a menudo en la química del cuerpo. Los materiales inorgánicos son sustancias con no contienen carbono, pero hay tres excepciones a esta regla. El monóxido de carbono (CO), dióxido de carbono (CO2), y el ion bicarbonato (HCO3) son materiales inorgánicos a pesar de que sí poseen un átomo de carbono. Cualquier otro compuesto que contiene carbono se ajuste a la definición orgánica.

Los materiales orgánicos es cualquier material que contiene carbono a excepción de los tres compuestos listados anteriormente. Materiales orgánicos comunes en el cuerpo humano son:

   a. carbohidratos - carbohidratos son comúnmente conocidos como azúcares y son una fuente importante de energía.

   b. lípidos - Las grasas son importantes sitios de almacenamiento de energía y muchas moléculas son lípidos.

   c. proteínas - proteínas son un conjunto de aminoácidos y realizan la mayoría de las funciones de las células del cuerpo. La forma de una proteína es lo que determina su función. Debemos mantener una temperatura corporal relativamente constante y pH para mantener la forma adecuada de proteínas.

   d. - ácidos nucleicos ADN y ARN son las instrucciones para las funciones celulares.

ADN se compone de cuatro elementos básicos que sólo se emparejan de un modo particular. Asegúrese de saber citosina siempre se empareja con la guanina y timina siempre se empareja con la adenina.

El ARN es muy similar en composición, pero se puede encontrar la base timina sustituida por uracilo en una cadena de ARN.

9. El agua será otro de los temas en la química del cuerpo. El agua es absolutamente esencial para la vida tal como la conocemos. Cada reacción química en nuestro cuerpo siempre se produce en el agua. Cada célula viva tiene una cierta cantidad de agua en ella y alrededor de ella.

El agua tiene unas determinadas propiedades, es necesario tener en cuenta. Es probable que tenga una pregunta acerca de estas propiedades.

En primer lugar, el agua tiene un calor específico muy alto. Lo que esto significa es que se necesita una gran cantidad de energía para cambiar la temperatura del agua. Pregúntese: "¿Cómo esto nos ayuda a vivir?" Como se necesita una gran cantidad de energía para cambiar la temperatura del agua, la temperatura del agua se mantiene relativamente estable. Dado que lleva una gran cantidad de energía para cambiar la temperatura del agua, la temperatura de nuestro cuerpo permanece relativamente estable. Necesitamos una temperatura corporal estable para mantenerse saludable. Si alguna vez se pregunta por qué hay tanta discusión de la temperatura y el equilibrio del pH en el cuerpo humano, es todo acerca de las proteínas. Las proteínas en nuestro cuerpo determinan lo que podemos y no podemos hacer. Estas proteínas mantienen su forma adecuada sólo cuando están cerca de 98.6 F y en un rango de pH de 7.35 a 7.45. Cuando nos lejamos de estas variables, todas las proteínas en nuestros cuerpos comienzan a cambiar de forma. Cuando lo hacen dejamos homeostasis y podríamos morir.

Piense a usted mismo por qué las temperaturas fluctúan tanto en un desierto. Puede estar cerca de cero por la noche y 120 grados durante el día. La razón es, el desierto no tiene agua en ella. Sin agua en el medio ambiente para mantener la temperatura estable, la temperatura sube y baja rápidamente. Si se compara este a una zona donde hay un montón de agua, verás las fluctuaciones de temperatura de unos

25 a 30 grados. Ya que tenemos tanta agua en nuestros cuerpos, nos mantendrá a una temperatura relativamente constante. Eso es muy importante para mantener la homeostasis.

El agua también proporciona protección a nuestro cuerpo. En muchas articulaciones tenemos lubricación proporcionar fluido para reducir la fricción. Alrededor de nuestro cerebro y la médula espinal tenemos una barrera de fluido para actuar como un amortiguador.

Recuerde que el agua es donde todas las reacciones químicas tienen lugar en nuestro cuerpo.

Junto con el agua, tendrá discusiones sobre solutos y solventes. En el agua en el cuerpo es siempre el disolvente en el que otras cosas se mezclan en. Los solventes son nada disuelto en el disolvente.

10. Osmolalidad - el número de partículas en una solución. Verá este término se utiliza en referencia a muchos procesos del movimiento como la difusión, ósmosis y los receptores sensoriales. Cuando se habla de la cantidad de material que se encuentra en una solución, la osmolaridad es el término que va a utilizar. La osmolalidad se expresa en una unidad de medida llamada topos. Los más lunares que usted tiene, más de un material se encuentra en una solución. La osmolalidad normal de la mayoría de los tejidos humanos es de 300 miliosmoles.

11. Escala de pH - una forma de medir la concentración de iones de hidrógeno en una sustancia. No se olvide que Ph normal del cuerpo humano es entre el rango de 7.35 a 7.45. Si el pH del cuerpo desciende por debajo de 7.35 una condición llamada acidosis se desarrollará. La acidosis es cuando el cuerpo contiene demasiados iones de hidrógeno. Si el cuerpo pasa por encima de 7.45 una

afección llamada alcalosis desarrolla. Alcalosis es cuando el cuerpo contiene muy pocos iones de hidrógeno.

Acido - una sustancia que libera iones de hidrógeno, también llamado un donador de protones.

Base - una sustancia que acepta los iones de hidrógeno, también llamado un aceptor de protones.

Un tampón es una sustancia iguales en concentraciones de ácido y base. Con su pH de 7, se considera neutral y va a neutralizar ácido o una base.

Es probable que tenga una pregunta acerca de la escala de pH también. La escala de pH va de cero a catorce. Cualquier número menor que 7 será un ácido y cualquier número mayor que 7 serán una base. Sólo un 7 en la escala de pH se considera que es neutral. Así, el número 6.99999 es qué? Acido. El número 7.0000001 es qué? Base.

12. Sales - una sal es cualquier ion positivo unido químicamente con un anión. Así que ponga las partículas positivas con carga negativa juntos y usted va tener una sal. No hay que olvidar que hay una excepción en esta regla, el agua. El agua no es una sal. Por lo general, cuando pensamos en la sal, pensamos en NaCl. Esto es sólo un ejemplo de una sal. NaCl es una sal, ya que es un ión de sodio (que es positivo) y un ion cloruro (que es negativo) combinada químicamente.

13. Lo más ciertamente va tener algunas preguntas acerca de los componentes básicos del ADN y el ARN. Recuerde siempre que el ADN se compone de cuatro nucleótidos llamados: citosina, guanina, adenina y timina. Y sólo se emparejan de la siguiente manera: citosina sólo se asociará a la guanina, adenina sólo se emparejará con la timina. No hay que olvidar la forma en que se emparejan, eso será importante.

ARN es muy similar en su estructura. Todavía tiene cuatro nucleótidos, pero uno de ellos es diferente. Todavía tiene citosina y guanina emparejados, pero los pares de adenina con uracilo. No se olvide de estos pares de bases y la forma en que coinciden.

PREGUNTAS

1. ¿Cuál es la diferencia entre la unión química iónica y covalente?

2. ¿Cuáles son los 4 elementos más comunes en el cuerpo humano?

3. ¿Cuál es la diferencia entre una reacción de síntesis y descomposición?

4. ¿Cuáles son las 4 categorías de compuestos orgánicos que se encuentran en el cuerpo humano?

5. ¿Qué contiene ARN que el ADN no tiene?

CAPÍTULO 3 PREGUNTAS

1. ¿Cuál de los siguientes no es uno de los cuatro elementos más comunes en nuestro cuerpo?
a. nitrógeno
b. oxígeno
c. hidrógeno
d. carbono
e. calcio

2. ¿Qué elemento qué necesitamos para el transporte de oxígeno en nuestro cuerpo?
a. nitrógeno
b. cobre
c. hierro
d. yodo
e. potasio

3. Todas las moléculas orgánicas tienen qué elemento en ellos?
a. nitrógeno
b. oxígeno
c. hidrógeno
d. carbono
e. calcio

4. ¿Cuál de los siguientes elementos que necesitamos hacer para sintetizar la hormona de la tiroides?
a. nitrógeno
b. oxígeno
c. hierro
d. yodo
e. potasio

5. ¿Qué no es una partícula subatómica que se encuentra en un átomo?
a. protón
b. electrón
c. neutrón
d. Dalton
e. Ninguna de las anteriores

6. ¿Qué partícula subatómica tiene una carga negativa?
a. protón
b. electrón
c. neutrón
d. Dalton

7. La diferencia en los elementos se basa en el número de _____ en ellos?
a. protón
b. electrón
c. neutrón
d. Dalton

8. ¿Cómo un átomo de sodio se convierten en un ión de sodio?
a. gana un protón
b. pierde un protón
c. gana un electrón
d. pierde un electon
e. gana un neutrón

9. ¿Qué tipo de enlace químico implica el intercambio de electrones?
a. iónico
b. covalente
c. covalente polar
d. covalente no polar

e. enlaces de hidrógeno

10. ¿Qué tipo de enlace químico consiste en la distribución de los electrones?
a. iónico
b. covalente
c. hidrógeno
d. anabolismo
e. catabolismo

11. Las moléculas de agua se forman por cual tipo de enlace químico?
a. iónico
b. covalente
c. covalente polar
d. covalente no polar
e. enlaces de hidrógeno

12. El sodio y el cloruro formarán una sal en qué forma de enlace químico?
a. iónico
b. covalente
c. hidrógeno
d. anabolismo
e. catabolismo

13. Los materiales que entran en una reacción química se llaman?
a. catabolitos
b. metabolitos
c. reactivos
d. productos
e. electrons

14. Los materiales que se producen a partir de una reacción química se llaman?
a. catabolitos
b. metabolitos
c. reactivos
d. productos
e. electrones

15. Una reacción química que puede cambiar de izquierda a derecha o de derecha a izquierda se llama una reacción ___?
a. reacción estándar
b. reacción opuesta
c. reacción reversible
d. reacción de descomposición
e. reacción de síntesis

16. Una reacción química en la que las piezas más pequeñas se ensamblan juntos es una reacción _____?
a. reacción estándar
b. reacción opuesta
c. reacción reversible
d. reacción de descomposición
e. reacción de síntesis

17. Una reacción química en que un material más grande se divide en materiales más pequeños es una reacción _____?
a. reacción estándar
b. reacción opuesta
c. reacción reversible
d. reacción de descomposición
e. reacción de síntesis

18. El anabolismo es lo mismo que una
a. reacción estándar
b. reacción opuesta

c. reacción reversible
d. reacción de descomposición
e. reacción de síntesis

19. El medio de la mezcla de todas las reacciones químicas dentro del cuerpo humano es?
a. sodio
b. oxígeno
c. agua
d. carbono
e. hidrógeno

20. ¿Cómo se llama cualquier ion en el agua?
a. metabolito
b. ácido
c. base
d. electrólito
e. sal

21. La escala de pH va entre que 2 números?
a. 0-10
b. 0-100
c. 2-8
d. 0-14
e. 10-100

22. En el pH escalar, cualquier número menor que 7 serán considerados qué?
a. ácido
b. base
c. sal
d. electrólito
e. metabolito

23. En el pH escalar, cualquier número mayor que 7 serán considerados qué?
a. ácido
b. base
c. sal
d. electrólito
e. metabolito

24. Un ácido también puede ser llamado un qué?
a. aceptor de protones
b. donador de protones
c. donador de electrones
d. aceptor de electrones
e. Ninguna de las anteriores

25. ¿Cuál no es un ejemplo de una molécula orgánica?
a. carbohidrato
b. lípidos
c. proteína
d. ácido nucleico
e. agua

26. En la escala de pH un número 7 se considera?
a. un ácido
b. una base de
c. neutral
d. orgánico
e. inorgánico

27. ¿Qué mejor define un lípido?
a. una molécula polar
b. un carbohidrato complejo
c. un azúcar simple
d. una molécula no polar
e. un componente importante de DNA

28. ¿Qué elemento no se encuentra en hidratos de carbono?
a. oxígeno
b. hierro
c. carbono
d. hidrógeno

29. ¿Cuál no es una función de los lípidos en el cuerpo?
a. almacenamiento de energía
b. relleno alrededor de los órganos
c. aislante térmico
d. estructura de las moléculas importantes
e. componente en el ADN

30. Los bloques de construcción de todas las proteínas son?
a. carbohidratos
b. lípidos
c. aminoácidos
d. ácidos nucleicos
e. azúcares simples

31. El número de protones y neutrones es?
a. número atómico
b. número de masa
c. número total
d. número neutral
e. mayor número

32. Las partículas subatómicas que no se encuentran en el núcleo son?
a. protones
b. neutrones
c. electrones
d. todo lo anterior
e. Ninguna de las anteriores

33. Cuando los electrones se comparten por igual, este es el tipo de enlace químico?
a. iónico
b. covalente no polar
c. covalente polar
d. enlaces de hidrógeno
e. la vinculación total

34. ¿Cuál de los siguientes materiales liberarán iones de hidrógeno?
a. ácido
b. buffer
c. base
d. proteína
e. lípidos

35. ¿Cuál es el rango normal de pH para el cuerpo humano?
a. 0-14
b. 7.35-7.45
c. 0-10
d. 06.05 a 07.05
e. 6.8

36. Si una persona inhala demasiado rápido, no tendrá suficientes iones de hidrógeno en la sangre. ¿En qué condición será el resultado de los bajos niveles de iones de hidrógeno?
a. acidosis
b. alcalosis
c. metabolismo
d. sacarosa
e. hiperventilación

37. ¿Cuáles son las 4 bases nitrogenadas que se encuentran en el ADN?
a. citosina, guanina, uracilo, adenina

b. guanina, timina, citosina, adenina
c. uracilo, timina, guanina, adenina
d. citosina, guanina, adenina, uracilo
e. timina, citosina, uracilo, adenina

38. ¿Cuáles son las 4 bases nitrogenadas que se encuentran en el ARN?
a. citosina, guanina, uracilo, timina
b. guanina, timina, citosina, adenina
c. uracilo, timina, guanina, adenina
d. citosina, guanina, adenina, uracilo
e. timina, citosina, uracilo, adenina

39. ¿Qué base nitrogenada se encuentra en el ARN, pero no el ADN?
a. citosina
b. guanina
c. adenina
d. timina
e. uracilo

40. ¿Qué base nitrogenada se encuentra en el ADN, pero no el ARN?
a. citosina
b. guanina
c. adenina
d. timina
e. uracilo

41. La molécula de energía para las células es
a. trifosfato de adenosina
b. difosfato de adenosina
c. monofosfato de adenosina
d. lípidos
e. ácido ribonucleico

42. ¿Qué se necesita ion para la contracción muscular, la coagulación de la sangre y la resistencia ósea?
a. nitrógeno
b. oxígeno
c. hidrógeno
d. carbono
e. calcio

43. ¿Qué parte del átomo contiene los protones y los neutrones?
a. isótopo
b. núcleo
c. nube de electrones
d. triglicéridos
e. péptido

44. Dos o más formas de un elemento con diferente número de neutrones?
a. isótopo
b. núcleo
c. nube de electrones
d. triglicéridos
e. péptido

CAPÍTULO 3 - Respuestas a las preguntas de opción múltiple.

1. E
2. C
3. D
4. D
5. D
6. B
7. A
8. D
9. A
10. B
11. C
12. A
13. C
14. D
15. C
16. E
17. D
18. E
19. C
20. D
21. D
22. A
23. B
24. B
25. E
26. C
27. D
28. B
29. E
30. C
31. B

32. C
33. B
34. A
35. B
36. B
37. B
38. D
39. E
40. D
41. A
42. E
43. B
44. A

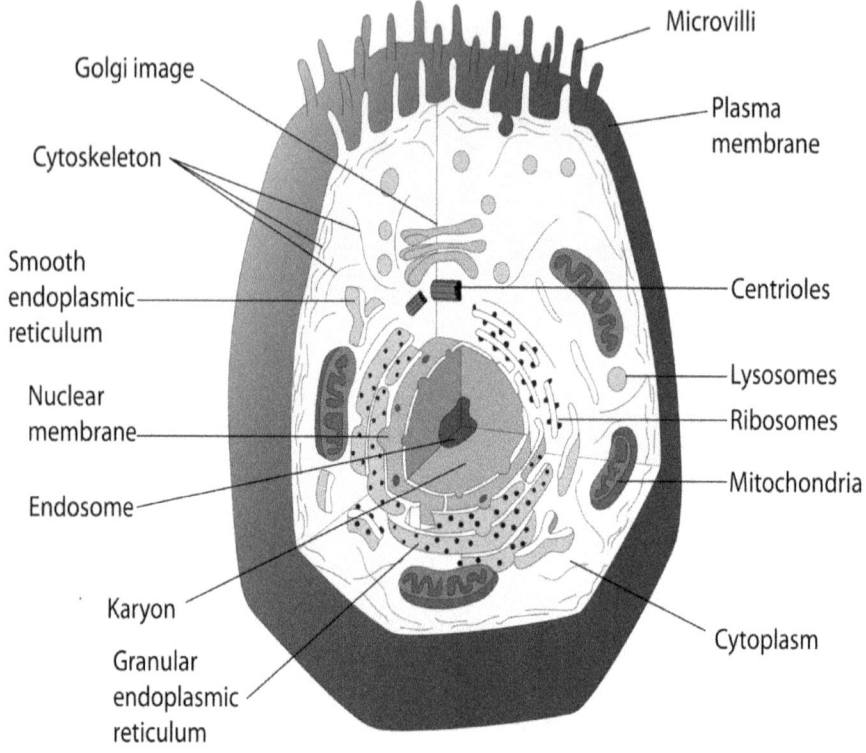

CAPÍTULO 4
Anatomía y Fisiología Celular

La siguiente sección de su texto cubrirá la célula. El capítulo celular discutirá las estructuras de la célula, lo que las funciones de estas estructuras son, cómo los materiales se mueven dentro y fuera de la célula y la división celular.

La célula se describe como la unidad fundamental de todos los seres vivos y no es más que muchos productos químicos que trabajan juntos. Este es el nivel más bajo de la organización en la que todas las características de la vida puede ser observado.

La citología es el estudio de las células. Las enfermedades pueden ser rastreados a algún tipo de cambio celular. Su texto ilustrar lo que es normal en una célula, por lo que cuando estudies los estados de enfermedad, usted tendrá una base en la que al compararlos.

La célula consta de 3 partes principales: membrana plasmática, núcleo, y el citoplasma.

1. La membrana plasmática - límite exterior de la célula, la interfaz entre la célula y el medio ambiente.

¿Qué puede pasar a través de la membrana plasmática? El agua (a través de canales sólo!), Nutrientes, oxígeno, amoníaco, dióxido de carbono, iones, productos metabólicos. Donde el agua debe pasar a través de los canales, los lípidos pueden difundir libremente a través de la membrana plasmática. Si alguna vez se le preguntó qué material (agua o materiales solubles en lípidos) puede pasar a través de la membrana celular, su respuesta es, "lípidos". Recuerde que la membrana celular se trata de lípidos medio, por lo que cualquier otra cosa que es un lípido pasará a través de él, porque los lípidos y los lípidos se mezclarán.

El exterior de la célula se llama el medio extracelular y el interior se llama el medio ambiente intracelular. Esta membrana de la célula tendrá una carga que resulta de diferencias de concentración de iones. Los iones (partículas cargadas) dar la membrana celular un cargo. La célula bombeará más de los iones positivos (Na, Ca) en el exterior de la célula y se han cargado más negativamente partículas (PO_4, proteínas) en el interior. Esto le da a la célula de una carga positiva en el exterior y una carga negativa en el interior. No se olvide de esta información, que será muy importante a la hora de discutir los potenciales de acción (cargas eléctricas).

Cuando nos fijamos en cualquier imagen de la membrana celular siempre verás dos cosas en esas imágenes, lípidos y proteínas. Las proteínas son las estructuras que penetran en la membrana celular.

Los lípidos son todos de las estructuras diminutas entre ellos. Los lípidos están allí como una barrera, mientras que las proteínas están allí por muchas razones.

Bicapa de fosfolípidos - ¿De que esta hecho? ½ proteínas, lípidos, ½ pequeña cantidad de hidratos de carbono.

La membrana plasmática se describe como siendo ni duro y rígido o líquido. Este es el modelo de mosaico fluido de la membrana celular. Esto significa que a pesar de la membrana celular hace una barrera alrededor de la célula, que siempre está cambiando.

Asegúrese de conocer los tipos básicos de los canales iónicos, que se encuentran en las membranas celulares. Estos canales iónicos son:

A. (fugas) canals abiertas - estos canales están siempre abiertas y cualquier material que son particulares pueden pasar libremente siempre que lo necesiten.

B. Ligando canales iónicos - un ligando es una señal química, que es el mismo como un fármaco, hormona, neurotransmisor, etc. Estos tipos de canales abre o cerra en respuesta a una señal química.

C. voltaje canal iónico cerrada - potenciales de acción (señales eléctricas) se abrirá o cerrará estas puertas.

Conozca estos canales iónicos, que será muy importante para futuras discusiones, sobre todo cuando se trata de las células del músculo y las neuronas. Estas células eléctricamente excitables van a utilizar estos canales iónicos para generar potenciales de acción (señales eléctricas).

Proceso de movimiento a través de la célula

A. Difusión - esto es simplemente el movimiento de materiales a partir de un área de alta concentración a baja. En otras palabras, los átomos se mueven desde donde hay más de ellos a donde hay menos de ellos. Piense en el olor de las galletas de difusión de la cocina a la sala de estar o el olor o una naranja cuando alguien a tu lado la pela. En el interior del cuerpo de oxígeno, dióxido de carbono y muchos otros materiales se mueven por difusión. Este proceso mueve más materiales que cualquier otro proceso en el cuerpo.

B. Ósmosis - piense en ósmosis como la difusión de agua. El agua se mueve de alta a bajas concentraciones, al igual que muchos otros materiales. Además, recuerde que el agua se mueve siempre hacia concentraciones de soluto. Donde solutos nunca están en mayor concentración, el agua se moverá hacia ella. La célula no bombea agua, pero lo hace mover los solutos y el agua sigue.

C. El transporte activo - transporte activo siempre implicará el uso de ATP para mover algo a través de la membrana celular. Piense de ATP como combustible para las proteínas en la membrana celular. Como se consume este ATP, los materiales se mueven dentro y fuera de la célula. Muchas proteínas en una membrana celular están ahí para mover materiales de un lado de la célula a la otra. El ejemplo más común de transporte activo en el cuerpo es la bomba de intercambio de sodio / potasio. Cada vez que esta proteína consume una molécula de ATP se bombeará a cabo tres iones de sodio y la bomba en dos potasio. Esta bomba es lo que es en gran parte responsable de establecer el potencial de membrana en reposo (la carga se encuentra en una membrana celular).

D. La endocitosis - traer algo a la célula.

2 tipos de endocitosis - fagocitosis (comer celular), pinocitosis (beber celular).

E. Exocitosis - cuando la célula se mueve algo de él, a través de la utilización de vesículas (una pequeña bola de material dentro de la célula).

F. Filtración - filtración es el movimiento de un poco de material a través de una membrana con diminutos agujeros. Usted verá esto en lugares como los riñones. Cuando usted piensa en la filtración, pensar en el filtro en una taza de café. Se utiliza el filtro para retener las partículas grandes, pero permite que el agua y las pequeñas partículas pasan a través de él.

Las proteínas en la membrana celular, que se mueven los materiales, a menudo se colocan en tres categorías.

Uniporters - proteínas que se mueven de un material a la vez.

Symportes (cotransportadores) y antiportes (contratransportadores) aquellos que se mueven dos materiales a la vez. La diferencia entre los dos es: symporters de dos materiales se mueven en la misma dirección. Los materiales pueden ser movidos en la célula o hacia fuera. Antiportes mueven materiales en direcciones opuestas. Uno va en el otro se apaga. Estos dos transportadores sólo funcionará si existe un gradiente de concentración (una diferencia en la concentración de un material). Así, un transportador activo establecerá este gradiente de concentración y luego los transportistas trabajará segundos. Esta es la razón por symporte y antiporte son llamados transportadores activos secundarios. Ellos sólo funcionarán si un transportador activo ya está trabajando.

Enzimas - proteínas que reduce energía de activación y la velocidad de las reacciones químicas. Es importante para las enzimas reducir la energía de activación, porque si no, se necesitarían más energía para iniciar una reacción, a que nos hubiera salir de ella.

2. Núcleo - 2 funciones principales-A) se encuentra la información genética, B) controla las funciones de la célula. Estas 2 tareas son llevadas a cabo por el ADN.

Membrana nuclear - doble membrana con poros nucleares. Permiter copias de material genético a pasar.

Nucleolos - porciones de cromosomas que forman las ribosomas.

El núcleo está involucrado con la producción de proteínas, ya que es donde se encuentra el conjunto de instrucciones para hacerlos. Usted verá siempre dos procesos en la fabricación de proteínas. Transcripción tendrá lugar en el núcleo y la traducción se llevará a cabo en el citoplasma en un ribosoma.

Poros nucleares - agujeros donde materiales permiten que los materiales pasan dentro y fuera del núcleo.

La cromatina - la forma cuando la célula de ADNno se está dividiendo. Esta es la forma de hebra fina y cómo nuestro ADN se encuentra para la mayoría de la vida de la célula.

Nucleoplasma - este es el fluido y los materiales en el interior del núcleo. Al igual que el citoplasma es el fluido y los materiales en la célula, el nucleoplasma es el fluido y los materiales en el núcleo.

3. Citoplasma - todo el material dentro de la célula, pero fuera del núcleo.

Consta de 3 cosas - citosol (porción líquida), citoesqueleto (el marco de la célula), y orgánulos (pequeños órganos como estructuras).

otras estructuras

Las vesículas - sacos llenos de líquido - 3 funciones - digiere el material subcelular, material de transporte fuera de la célula, y lleva a cabo actividades enzimáticas.

También protege la integridad de la membrana plasmática. Las vesículas pueden fusionarse con la membrana celular y expulsa los materiales fuera de la célula.

3 vesículas especializadas

A. Los lisosomas - digiere el material por fagocitosis, lo que significa comer célula.

B. Los peroxisomas - desintoxicar $H_2O_2 \rightarrow H_2O + O$. Rompe el peróxido de hidrógeno en agua y oxígeno.

C. Los proteasomas - digiere las proteínas en aminoácidos.

Citoesqueleto - Da la forma de la célula y puede mover cosas. El citoesqueleto es como los sistemas esquelético y muscular de la célula.

ORGANELOS

Orgánulos significa pequeño órgano y pensar en cada una de estas estructuras como una pequeña fábrica pequeña, que proporciona una o más funciones dentro de la célula. Sin duda, usted tendrá muchas preguntas relativas a estas estructuras.

1. Las mitocondrias - estos son todos acerca de ATP piense producción de ellos como las plantas de energía de la célula. Las mitocondrias también albergan una pequeña cantidad de información genética, al igual que el núcleo.

2. Los ribosomas - los sitios de síntesis de proteínas. Piense en esto como las fábricas donde se producen las proteínas. Los ribosomas se encuentran en dos formas. Ellos pueden estar unidos a un retículo endoplasmático rugoso o que se encuentran libres en el citoplasma. No importa dónde se encuentren, siempre serán la producción de proteínas. Aquellos en el retículo endoplasmático rugoso están haciendo las proteínas que ir fuera de la célula. Los ribosomas libres están haciendo las proteínas para permanecer en el interior de la célula.

3. Retículo endoplásmico - éstas son las redes de sacos cerrados.

2 tipos A. RE rugoso, - estos tienen ribosomas adheridos a la superficie (esto es lo que hace que se vean en bruto), estas estructuras produce proteínas para su uso fuera de la célula.

B. RE liso - estos no tienen ribosomas en la superficie, produce lípidos, desintoxica el material, almacena calcio.

4. Aparato de Golgi o aparato de Golgi - modificación, el envasado, la distribución de sitio de la célula. Después que lípidos y proteínas son producidas por otros orgánulos, se envían aquí para más modificación.

5. Hay muchos tipos de vesículas que se pueden encontrar en el interior de una célula. Una vesícula es sólo una pequeña bola de material en el interior de la célula. Las vesículas vienen en muchas formas y no pueden diferenciarlos visualmente. Cada vesícula contiene un material diferente, con una función diferente.

Tipos de vesículas son:

-Lisosomas - Estas vesículas contienen enzimas digestivas, por lo que actúan como el sistema digestivo de la célula.

-Proteasomes - Estas vesículas contienen enzimas necesarias para digerir las proteínas.

-Peroxisomes - Desintoxicar materiales nocivos en el interior de la célula.

6. Los centríolos - estructuras asociadas con la formación de las fibras del huso durante mitosis. Estas estructuras, en forma de engranaje, están rodeadas por una región llamada el centrosoma. La centrosoma es donde aparecerán las fibras del huso durante mitosis.

Otras estructuras - extensiones de la membrana plasmática y los microtúbulos

7. Cilios - mueve materiales sobre la superficie de las células como moco.

8. Flagelos - propulsa la célula. Piense de estos como un motor fuera de borda en la parte posterior de la célula.

9. Microvellosidades - estas estructuras aumentan superficie donde se necesita la absorción y secreción.

EL CICLO CELULAR - Esto consiste las etapas que una célula atraviesa en su vida útil.

3 eventos - interfase, mitosis, citocinesis

1. Interfase - Se está produciendo el crecimiento y la replicación del ADN. No se le olvide que Interfase no es parte de la mitosis.

3 fases

A. Fase G1 - crecimiento y la producción de orgánulos.

B. Fase S - síntesis, la ADN se replica.

C. fase G2 - crece y se prepara para la mitosis.

2. MITOSIS - división nuclear

4 fases

A. Profase – La cromatina se condensa en cromosomas, y cada cromosoma tiene 2 brazos llamadas cromátidas, que están conectados en el centrómero.

¿Qué más vas a ver que ocurre en profase?

desaparece -Nucleolus

desmonta membrana NUCLEAR

aparece aparato -mitotic - consta de fibras del huso, que se adjunta en el centrómero en una región llamada los cinetocoros y fibras astrales irradiarse a cada polo.

B. Metafase - Las cromosomas se alinean a través del centro de la célula (ecuador de la célula). Cuando vea los cromosomas en una buena línea, esto significa que esta fase se ha iniciado.

C. Anafase - Las cromátidas se separan separar al centrómero y estas estructuras se llaman cromosomas hijas. Cuando usted puede ver los cromosomas siendo arrastradas por la mitad, esta fase se ha iniciado. Las fibras del huso se retirarán los cromosomas hijas hacia los polos opuestos.

D. Telofase -Las cromosomas hijas alcanzan los polos y la célula se puede ver en la separación de media en 2 nuevas células hijas. Otras cosas que se ven son:

-Cytokinesis Comienza (división del citoplasma)

-Los cromasomas se relajan en la cromatina

Nucleolus reaparece

Reformas del sobre NUCLEAR

Desmonta aparatos -Mitotic

3. La citocinesis - la división del citoplasma. Esta es la división de todo, menos el núcleo.

Comienza en anafase tardía o temprana telofase

Surco de escision - contrae la membrana plasmática

La síntesis de proteínas

Su texto tendrá generalmente una pequeña cantidad de información sobre cómo se producen las proteínas. Usted aprenderá mucho más información sobre este tema en microbiología.

Las proteínas están compuestas en tres sencillos pasos:

A. Transcripción - Para transcribir algo significa para copiarlo. Cuando una célula quiere hacer una proteína lo primero que necesita es una receta que seguir. Esta receta se obtiene enel núcleo, cuando una pequeña parte del ADN se copia. Esta copia se llama ARNm, la m significa mensajero. Piense en esto como su receta.

B. Traducción - Para traducir el ARNm, la célula debe llevarlo al ribosoma en el citoplasma. Recuerde los ribosomas son los sitios de síntesis de proteínas. Piense en el ribosoma como la cocina para preparar la proteína.

C. La síntesis de proteínas - El edificio de la proteína se producirá en el citoplasma en el ribosoma. Una molécula llamada ARNt (ARN de transferencia) traerá en aminoácidos de una en una. El tRNA sabe dónde colocar un aminoácido, de acuerdo con la información en el ARNm.

Puntos importantes para recordar:

El Camino son: la transcripción, la traducción, la síntesis de proteínas

-Transcripción ocurre en el núcleo.

-Traducción ocurre en el citoplasma.

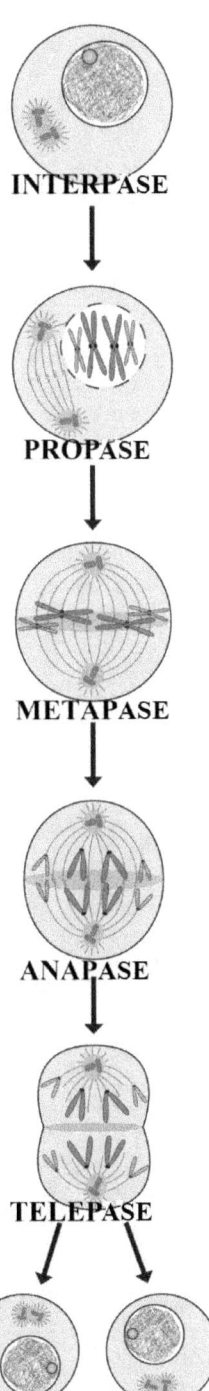

PREGUNTAS

1. Lista de los orgánulos de la célula y las principales funciones de cada uno.

2. Enumerar y describir las fases del ciclo celular.

CAPÍTULO 4 - PREGUNTAS

1. La unidad funcional de todos los organismos vivos es?
a. célula
b. tejido
c. órgano
d. ADN
e. ARN

2. Las 3 partes principales en cualquier célula son?
a. ADN, ARN, ATP
b. membrana celular, núcleo, DNA
c. citoplasma, ADN, ARN
d. membrana celular, núcleo, citoplasma
e. Ninguna de las anteriores

3. La membrana de la célula también se llama el?
a. membrana plasmática
b. membrana fosfolipídica
c. fluido modelo de mosaico
d. barrera de células
e. todo lo anterior

4. La membrana celular está hecho principalmente de 2 materiales. ¿Estos 2 son?
a. lípidos y carbohidratos
b. lípidos y proteínas
c. proteínas y ADN
d. proteínas y carbohidratos
e. ADN y carbohidratos

5. Los fosfolípidos que se encuentran en la membrana celular tienen?
a. una región de la cabeza polar
b. 3 colas en la región polar
c. 3 regiones de la cabeza polares
d. regiones polares que enfrenta el interior de la célula

e. regiones no polares enfrentan las regiones intracelulares y extracelulares

6. Las estaciones de trabajo Diminuto dentro de la célula se llaman?
a. citosomas
b. endosomas
c. proteínas
d. orgánulos
e. Ninguna de las anteriores

7. ¿Qué orgánulo de la célula produce la mayor parte del ATP?
a. núcleo
b. vesículas
c. lisosomas
d. cuerpo de Golgi
e. mitocondrias

8. ¿Qué orgánulo de la célula es responsable para el almacenamiento de calcio, la producción de lípidos y la desintoxicación?
a. núcleo
b. vesículas
c. retículo endoplásmico liso
d. cuerpo de Golgi
e. mitocondrias

9. ¿Qué orgánulo es responsable de la síntesis de proteínas?
a. núcleo
b. retículo endoplasmático rugoso
c. retículo endoplásmico liso
d. cuerpo de Golgi
e. mitocondrias

10. ¿Qué orgánulo es responsable de descomponer las proteínas?
a. núcleo
b. retículo endoplasmático rugoso

c. retículo endoplásmico liso
d. cuerpo de Golgi
e. proteasomas

11. ¿Qué orgánulo es responsable de la vivienda la mayor parte de los materiales genéticos?
a. núcleo
b. retículo endoplasmático rugoso
c. retículo endoplásmico liso
d. cuerpo de Golgi
e. proteasomas

12. ¿Cuál es orgánulo responsable de la modificación, el envasado y la distribución de materiales fuera de la célula?
a. núcleo
b. retículo endoplasmático rugoso
c. retículo endoplásmico liso
d. cuerpo de Golgi
e. proteasomas

13. ¿Qué organela actúa como el sistema digestivo de la célula?
a. lisosomas
b. retículo endoplasmático rugoso
c. retículo endoplásmico liso
d. cuerpo de Golgi
e. proteasomas

14. Cuando la célula está en reposo la carga intracelular será?
a. positivo
b. negativo
c. neutral
d. Ninguna de las anteriores

15. Cuando la célula está en reposo, la carga extracelular será?
a. positivo

b. negativo
c. neutral
d. Ninguna de las anteriores

16. ¿Cómo se llama cuando la membrana de la célula intercambia los cargos en su superficie?
a. transducción
b. mitosis
c. difusión
d. despolarización
e. repolarización

17. Cuando la célula vuelve a la carga original de reposo esto se llama?
a. transducción
b. mitosis
c. difusión
d. despolarización
e. repolarización

18. Los cargos en la membrana celular provienen de qué materiales?
a. lípidos
b. carbohidratos
c. iones
d. ADN
e. ARN

19. ¿Cuál es el ion más abundante en el cuerpo humano?
a. potasio
b. sodio
c. calcio
d. fosfato
e. magnesio

20. ¿Cuál es el ion catión más abundante (positivo) que se encuentra

en el medio ambiente extracelular?
a. potasio
b. sodio
c. calcio
d. fosfato
e. magnesio

21. ¿Cuál es el catión más abundante en el medio intracelular?
a. potasio
b. sodio
c. calcio
d. fosfato
e. magnesio

22. ¿Cuál de proteínas en la membrana celular es principal responsable de la creación del potencial de membrana en reposo?
a. bombas de calcio
b. bombas de hidrógeno
c. de sodio - potasio bombas de intercambio
d. bombas de potasio
e. bombas de cloruro

23. ¿Por qué el retículo endoplasmático rugoso áspera mirada?
a. Tiene ADN en su superficie.
b. Tiene lípidos en su superficie.
c. Tiene ribosomas en su superficie.
d. Tiene lisosomas en su superficie.
e. Tiene peroxisomas en su superficie.

24. Las vesículas que salen de la célula serán enviados desde qué orgánulo?
a. núcleo
b. retículo endoplasmático rugoso
c. retículo endoplásmico liso
d. cuerpo de Golgi

e. mitocondrias

25. La celula de partículas sólidas se llaman?
a. endocitosis
b. pinocitosis
c. fagocitosis
d. exocitosis
e. Ninguna de las anteriores

26. La célula bebiendo se llama?
a. endocitosis
b. pinocitosis
c. fagocitosis
d. exocitosis
e. Ninguna de las anteriores

27. Cuando la célula trae materiales en la célula, esto se llama?
a. endocitosis
b. pinocitosis
c. fagocitosis
d. exocitosis
e. Ninguna de las anteriores

28. Al tomar algo fuera de la célula se llama?
a. endocitosis
b. pinocitosis
c. fagocitosis
d. exocitosis
e. Ninguna de las anteriores

29. Los contenedores muy pequeñas de materiales que se encuentran en el interior de la célula se llaman?
a. ribosomas
b. vesículas

c. lisosomas
d. orgánulos
e. plasmasomes

30. Los pliegues visto dentro de las mitocondrias se llaman?
a. cisternas
b. péptidos
c. matriz
d. crestas
e. cuerpos de Golgi

31. Además del núcleo donde más se puede encontrar ADN?
a. núcleo
b. retículo endoplasmático rugoso
c. retículo endoplásmico liso
d. Golgi cuerpo
e. mitocondrias

32. La mayoría de las células tendrán uno, que localizado centralmente?
a. núcleo
b. retículo endoplasmático rugoso
c. retículo endoplásmico liso
d. Golgi cuerpo
e. mitocondrias

33. Cuando nuestras células no se dividen, nuestro material genético se encuentra en qué forma?
a. proteína
b. cromatina
c. citoplasma
d. nucleoplasma
e. citoesqueleto

34. La pequeña estructura dentro del núcleo, que alberga el ARN es?

a. nucléolo
b. cromatina
c. citoplasma
d. nucleoplasma
e. citoesqueleto

35. El medio fluido dentro del núcleo se llama?
a. ADN
b. cromatina
c. citoplasma
d. nucleoplasma
e. citoesqueleto

36. ¿Qué proceso se puede utilizar para mover los materiales a través de la membrana celular?
a. difusión
b. transporte activo
c. endocitosis
d. exocitosis
e. todo lo anterior

37. ¿Por qué la célula prefieren utilizar la difusión para mover los materiales?
a. difusión no requiere el uso de energía
b. difusión mueve en materiales a la célula
c. difusión mueve materiales fuera de la célula
d. difusión puede mover el agua
e. Ninguna de las anteriores

38. Mecanismo de transporte que requiere el gasto de ATP?
a. difusión
b. transporte activo
c. endocitosis
d. exocitosis
e. todo lo anterior

39. El movimiento de los materiales desde una zona de mayor a menor concentración es?
a. difusión
b. transporte activo
c. endocitosis
d. exocitosis
e. todo lo anterior

40. El movimiento de agua de las áreas de mayor a menor concentración es?
a. difusión
b. transporte activo
c. endocitosis
d. exocitosis
e. ósmosis

41. Las estructuras dentro de la célula que le dan forma y la forma son?
a. citoplasma
b. citoesqueleto
c. sarcolema
d. mitocondrias
e. retículo endoplásmico

42. ¿Qué mecanismo de transporte permite oxígeno y dióxido de carbono para moverse dentro y fuera de los pulmones?
a. difusión
b. transporte activo
c. endocitosis
d. exocitosis
e. ósmosis

43. ¿Qué mecanismo de transporte se mueve más materiales que cualquiera de los otros?

a. difusión
b. transporte activo
c. endocitosis
d. exocitosis
e. ósmosis

44. ¿Qué orgánulos están conformadas e involucró con el movimiento de materiales durante la mitosis cilindro?
a. núcleo
b. retículo endoplasmático rugoso
c. retículo endoplásmico liso
d. Golgi cuerpo
e. centríolos

45. El medio fluido dentro de la célula se llama?
a. núcleo
b. retículo endoplasmático rugoso
c. citoplasma
d. centrosoma
e. mitocondrias

46. Una región del citoplasma donde centríolos se pueden encontrar es el?
a. núcleo
b. retículo endoplasmático rugoso
c. retículo endoplásmico liso
d. centrosoma
e. mitocondrias

47. Una estructura que se conoce en el exterior de una célula y se usa para mover la célula es?
a. cilios
b. microvellosidades
c. flagelos

d. todo lo anterior
e. Ninguna de las anteriores

48. Estructuras que se encuentran en el exterior de la célula y se utilizan para mover los materiales sobre la superficie de la célula?
a. cilios
b. microvellosidades
c. flagelos
d. todo lo anterior
e. Ninguna de las anteriores

49. Estructuras en el exterior de la célula, usados para aumentar el área de superficie para la absorción o la secreción?
a. cilios
b. microvellosidades
c. flagelos
d. todo lo anterior
e. Ninguna de las anteriores

50. ¿Cuál de los siguientes materiales puede pasar a través de la membrana celular en cualquier momento?
a. proteínas
b. lípidos
c. carbohidratos
d. iones
e. ácidos nucleicos

51. ¿Cuál de los siguientes materiales no pueden pasar a través de la membrana celular por difusión?
a. agua
b. lípidos
c. estrógeno
d. testosterona
e. colesterol

52. El olor de perfume moviéndose a través de una habitación es un ejemplo de?
a. difusión
b. transporte activo
c. endocitosis
d. exocitosis
e. todo lo anterior

53. Un aumento de la temperatura va a hacer lo que a velocidad de difusión?
a. aumentarlo
b. disminuirlo
c. no tiene ningún efecto

54. Un aumento en las concentraciones de soluto hará que a la velocidad de difusión?
a. aumentarlo
b. disminuirlo
c. no tiene ningún efecto

55. Una disminución de tamaño de la molécula hará lo que a la velocidad de difusión?
a. aumentarlo
b. disminuirlo
c. no tiene ningún efecto

56. Dos contenedores están separados por una membrana selectivamente permeable. Solución 1 contiene 4 gramos de solutos y la solución 2 contiene 9 gramos de solutos. ¿En qué dirección regará movimiento?
a. desde 1 hasta 2
b. de 2 a 1
c. movimiento neto será la misma
d. Ninguna de las anteriores

57. Una solución hipotónica contiene _____ solutos que una solución hipertónica?
a. más
b. menos
c. mismo

58. La mayoría de los tejidos del cuerpo humano tienen lo que la concentración de solutos?
a. 500 miliosmoles
b. 200 miliosmoles
c. 1000 miliosmoles
d. 300 miliosmoles
e. 20 miliosmoles

59. Un mecanismo de transporte que sólo funciona después de transporte activo y mueve dos materiales en la misma dirección es?
a. difusión
b. ósmosis
c. cotransporte (symporte)
d. contratransporte (antiporte)
e. La difusión facilitada

60. Un mecanismo de transporte que sólo funciona después del transporte activo y mueve dos materiales en la dirección opuesta es?
a. difusión
b. ósmosis
c. cotransporte (symporte)
d. contratransporte (antiporte)
e. La difusión facilitada

61. El citoplasma es
a. material en el interior de la célula y el exterior del núcleo.
b. material en el interior del núcleo
c. fuera de material de la célula

62. El proceso por el cual la célula destruye y recicla orgánulos edad tiene?
a. mitosis
b. autosoma
c. autofagia
d. anafase
e. telofase

63. ¿Cuál de los siguientes no es una etapa de la mitosis?
a. interfase
b. profase
c. metafase
d. anafase
e. telofase

64. ¿En qué etapa de la división celular no cromatina se condensa en cromosomas?
a. interfase
b. profase
c. metafase
d. anafase
e. telofase

65. ¿En qué etapa de la división celular comienza citocinesis?
a. interfase
b. profase
c. metafase
d. anafase
e. telofase

66. ¿En qué etapa de la división celular hacen que los cromosomas forman una línea en el ecuador de la célula?
a. interfase
b. profase

c. metafase
d. anafase
e. telofase

67. ¿En qué etapa de la división celular se divide los cromosomas y migrar a pedazos?
a. interfase
b. profase
c. metafase
d. anafase
e. telofase

68. Después de las células mitosis, entrarán cuál de las siguientes etapas?
a. interfase
b. profase
c. metafase
d. anafase
e. telofase

69. Después de la mitosis las dos células hijas tendrán?
a. un conjunto completo de ADN
b. medio juego de ADN
c. dos series de ADN

CAPÍTULO 4 - Respuestas a las preguntas de opción múltiple.

1. A
2. D
3. E
4. B
5. A
6. D
7. E
8. C
9. B
10. E
11. A
12. D
13. A
14. B
15. A
16. D
17. E
18. C
19. B
20. B
21. A
22. C
23. C
24. D
25. C
26. B
27. A
28. D
29. B
30. D
31. E

32. A
33. B
34. A
35. D
36. E
37. A
38. B
39. A
40. E
41. B
42. A
43. A
44. E
45. C
46. D
47. C
48. A
49. B
50. B
51. A
52. A
53. A
54. A
55. A
56. A
57. B
58. D
59. C
60. D
61. A
62. C
63. A
64. B
65. D
66. C

67. D
68. A
69. A

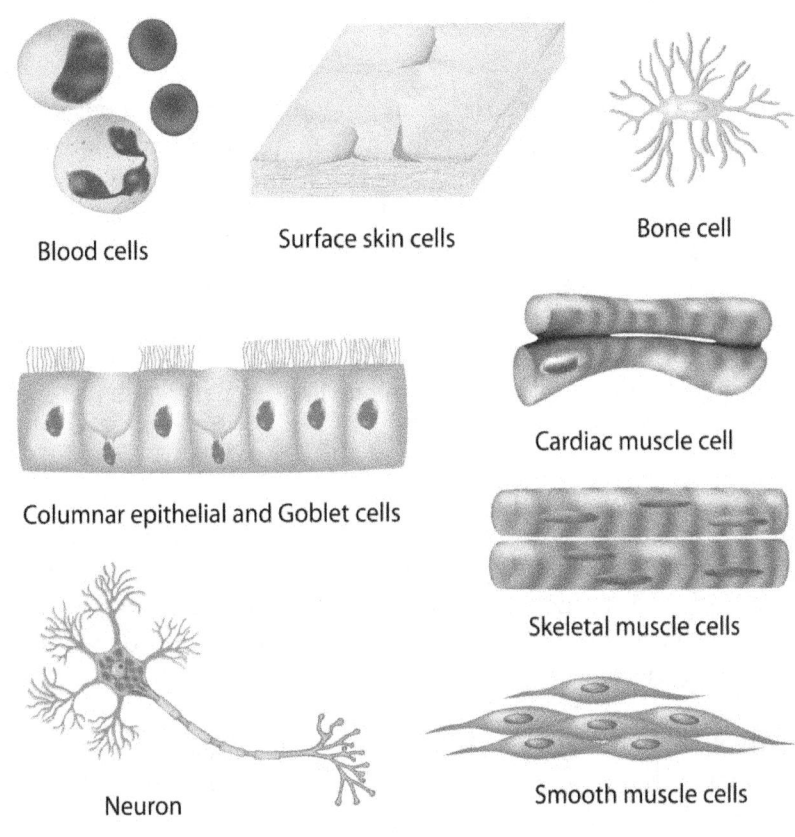

CAPÍTULO 5
Los tejidos

Tejidos - una colección de células, además de su material circundante (matriz).
 Hay muchos tipos de tejidos en el cuerpo humano y queremos discutir los tejidos primarios.

Los tejidos de nuestro cuerpo se pueden agrupar en 4 categorías diferentes: epiteliales, conectivo, muscular y nervioso. Cada tejido del cuerpo se puede colocar en una de estas cuatro categorías. Asegúrese de que puede colocar cualquier tejido en uno de esos cuatro tipos de tejidos.

1. Tejido epitelial
El tejido epitelial se encuentra en muchos lugares del cuerpo. Principalmente lo encontrarás cubre y recubre la mayoría de las superficies del cuerpo. La piel se viene a la mente primero porque es un gran ejemplo de tejido epitelial. Recuerde que este tejido se encuentra en muchos lugares. Si nos fijamos en los cuatro sistemas del cuerpo que se abren hacia el exterior del cuerpo (respiratorio, digestivo, urinario y reproductivo) todos tienen conductos que se abren al exterior del cuerpo. Todos estos pasajes están alineados con los tejidos epiteliales. Además, la mayoría de las glándulas del cuerpo están hechos de tejido epitelial.

A pesar de que este tejido está creando una barrera en muchos lugares, no creo que no permiten el paso de materiales. En algunos lugares, como la piel, las células permiten muy poco para pasar a través de ellos. En muchos otros lugares no permiten el paso. Las capas gruesas siempre impedirán el paso de materiales, donde las capas delgadas permitirán pasaje.

El tejido epitelial siempre tiene ciertas características. Asegúrese de que usted está familiarizado con las características de cada uno de los tejidos. En los tejidos epiteliales, verá lo siguiente:
- Muy poco espacio entre las células. Las células epiteliales están más apretadas, para que puedan formar buenas barreras. Algunas de estas conexiones son vinculantes desmosomas, hemidesmosomas, los cruces brecha y uniones estrechas. Otros tejidos no están tan apretujada como tejidos epiteliales son.
- La mayoría de los tejidos epiteliales tendrán una estructura llamada la membrana basal. Esta es una capa delgada que se unirá a otro tejido y la guía durante la reparación celular. No todos los tejidos epiteliales tienen, pero es una característica de la mayoría. Una membrana basal no se encontrará con cualquier otro tipo de tejido.
- Los vasos sanguíneos no penetran en los tejidos epiteliales. ¿Por qué es esto? Muchos tejidos epiteliales son superficiales y en la superficie de algo. Porque son superficiales, no desea que los vasos

sanguíneos se penetran. Si los vasos sanguíneos lo hacen, sería fácil perder sangre y tener infecciones en ellos.

- Tejidos epiteliales tienen muchas proteínas de unión juntos. Con todas estas estructuras de unión, nes lo que las mantiene unidos firmemente, haciendo una buena barrera.
 -Debido estas células, están cubriendo y protegiendo las estructuras. Las células siempre se están perdiendo en su superficie. Debido a esto, las células son casi siempre en la mitosis.

Unos términos describirán los tejidos epiteliales más y lo que se necesita saber en lo que significan los términos. Hay tres términos que describen las capas de células epiteliales y tres que describen formas celulares.
Los tres términos que describen capas celulares son:
Simple - 1 capa
Estratificados - 2 o más capas
Pseudostraficado - 1 capa. El término significa falsamente estratificada, porque se ve como dos capas. Este tipo a menudo tienen cilios en la superficie mucosa y es a menudo lo que los cilios se mueven. Ellos a menudo tienen células caliciformes con ellos. Las células caliciformes hacen una cosa, mucosa.

Los tres términos que describen formas celulares son:
Escamosas - significa plana
Cúbico - forma de cubo
Columnar - alto y delgado, como una columna en frente de una casa
En la descripción de la mayoría de los tejidos epiteliales, encontrará una palabra del primer grupo y una palabra a partir del segundo grupo. Los ejemplos incluyen:
Tejido epitelial escamoso simple = una capa de células planas
Columnar simple = una capa de células en forma de columna
Escamoso estratificado = muchas capas de células planas
Asegúrese de entender el significado de estas seis términos. Usted, sin duda, tiene preguntas sobre el significado de cada uno.

Otro tipo de tejido epitelial, que los términos anteriores no describen son el tejido epitelial de transición. Este tipo especial de tejido epitelial es capaz de cambiar su número de capas de células y forma de la célula. Es por eso que se llama transición. Si algo está pasando por una transición, está cambiando. Este tejido especial se encuentra en el sistema urinario y permite la expansión. La vejiga urinaria tiene que ser capaz de expandirse, si se va a llenar con la orina.

¿Dónde encuentran los tejidos epiteliales que hacen las glándulas, los encontrarás en dos tipos.
   Las glándulas endocrinas - glándulas se encuentran dentro de las hormonas que produce el cuerpo. Estas glándulas se discutirán en detalle cuando llegue al sistema endocrino. Estas glándulas liberan sus productos en los espacios que rodean a las células y entran en la sangre.

   Las glándulas exocrinas - glándulas con un conducto que conduce a la superficie de algo. Muchas de estas glándulas se encuentran en la piel. Ejemplos de ello serían las glándulas sudoríparas, las glándulas sebáceas (aceite), glándulas mamarias y glándulas (oído) ceruminosas.
   Las glándulas exocrinas vienen en tres formas:
-Merocrine - Glándulas que utilizan la exocitosis (vesículas) para secretar materiales. Glándulas sudoríparas Ex-
-Apocrine - Glándulas que pellizcar un pedazo de su celda con los materiales en ellos. Glándulas mamarias Ex-
-Holocrine - Glándulas eran toda la célula cae en el conducto. Glándulas sebáceas Ex-
   Asegúrese de saber cómo se liberan los materiales y un ejemplo de cada uno.

2. TEJIDO CONJUNTIVO
   El tejido conectivo es la más variada de tejidos en función y número de localidades. Hay más tejidos dentro de esta categoría que cualquiera de las otras por el momento. Si alguna vez se le pide colocar un tejido en una categoría y no sabe a dónde va, ponerlo en éste. Los tejidos conectivos pueden encontrarse a menudo conectar otros tejidos juntos, de ahí es el nombre. Por ejemplo, los tendones conectan los huesos con los músculos, ligamentos conectan los huesos, la sangre se conecta la mayoría de los tejidos del cuerpo, etc. Muchas otras funciones pueden ser realizadas por este tejido.

Dentro de los tejidos conectivos, encontrará una gran cantidad de matriz extracelular. Esto significa que hay mucho más espacio entre las células. Esto es lo contrario de tejido epitelial, que tiene poco espacio extracelular.
Los nombres de las celdas de los tejidos conectivos tienen algunos términos dentro de ellos, es necesario estar familiarizado. En los nombres de células de tejido conectivo se encuentran los sufijos: blastos, clastos y citos. Cualquier nombre de la celda con la explosión en que será una célula edificio, cualquiera con clastos en su nombre será una célula para descomponer y cualquier célula cyte mantendrá un tejido. Por ejemplo, en los huesos se encuentran tres grandes tipos de células: los osteoblastos, los osteoclastos y osteocitos. Los osteoblastos forman el hueso, los osteoclastos degradan el hueso y osteocitos mantienen hueso (es decir, la acumulación de pequeñas cantidades). No te olvides de los sufijos, pueden servir bien en la determinación de la fisiología celular.

Junto con las células de los tejidos conectivos, también encontrará varias fibras comunes.
- El colágeno es la fibra de tejido conectivo más común y la proteína más abundante en el cuerpo. El colágeno da fuerza a los tejidos. Piense en ellos como cables de acero. Un cable de acero se dobla pero no se extenderá, aquí es donde la fuerza viene.

Fibras -Elastin (elástico) son una fibra común que es muy flexible. Piense en las fibras de elastina como bandas de goma. Estas fibras se estiran y dan flexibilidad a las cosas tal como las arterias.

Fibras -Reticular son un tipo de colágeno bien, que se encuentra principalmente en el sistema linfático.

Los tejidos conectivos que se encuentran en el cuerpo son las siguientes:
- El tejido adiposo - esto es lo que comúnmente llamamos el tejido grasoso. Los adipocitos son las células de grasa que usted encuentra en el tejido adiposo. Tenemos el tejido adiposo para almacenar energía, aislar el cuerpo (mantener el calor) y hacer un cojín alrededor de las estructuras más profundas. En los primeros años de

nuestra vida tenemos un tipo especial de tejido adiposo llamado tejido adiposo marrón. Está especializada para producir calor en el cuerpo.

- El tejido óseo - El hueso es el más duro, más denso el tejido en el cuerpo. Porque es tan difícil que a menudo se encuentra la protección de las estructuras más profundas. Hueso viene en dos tipos: compacto y esponjoso.
 El hueso compacto es un tipo de hueso donde el tejido es muy compacto, sin espacios dentro de ella. Cuando vea una diapositiva histología de este hueso, que es el que se ve como troncos de árboles. Va a encontrar más compacto que rodea todos los huesos.
   El hueso se compone sobre todo de dos materiales: colágeno (1/3) y la hidroxiapatita (2/3). El colágeno da nuestra flexibilidad huesos y la hidroxiapatita hace que sea difícil.
 El hueso esponjoso también se llama hueso esponjoso, porque se ve un poco como una esponja. Piense en todos los espacios que se encuentran dentro de una esponja, que es lo que parece este hueso similares.

 - Tejido reticular es un tejido lleno de fibras reticulares. Si usted quiere encontrar este tejido, mirar hacia el sistema linfático y médula ósea.
 - Tejido conectivo laxo - también llamado tejido areolar. Este tejido recibe su nombre debido a que las fibras tienen un montón de espacio entre ellos. Puedes buscar en cualquier imagen del tejido conectivo laxo y verá todo el espacio entre las fibras.
 -Tejido conectiio denso - Este tejido recibe su nombre debido a que las fibras están más apretadas juntos. Este tejido es el opuesto del tejido suelto. Tejido denso se puede encontrar como regular o irregular. Tejido conectivo denso regular es donde la mayoría de las fibras están orientadas en la misma dirección, como en un tendón o ligamento. Tejido conectivo denso irregular es donde la mayoría de las fibras están orientadas en muchas direcciones.

Tejido -Elastico - donde el tejido está lleno de fibras elásticas. Este tejido se estira muy bien. Las arterias tienen grandes cantidades de tejido elástico en ellos. Nuestras cuerdas vocales tienen denso tejido elástico regular.

- Sangre - El único tejido del cuerpo que fluye como un fluido, porque tiene tanta agua en su matriz. La sangre conecta casi todos los tejidos del cuerpo. La sangre está compuesta de plasma (la parte acuosa de la sangre) y los elementos formados (las células de la sangre). Las células sanguíneas consistirán de las células rojas de la sangre, células blancas de la sangre y plaquetas.

- Tejidos hematopoyéticos - Este tejido es lo que comúnmente llamamos la médula ósea. Aquí es donde todas las células sanguíneas se producen. Hay dos tipos de médula ósea en el cuerpo. Cuando somos jóvenes tenemos la médula ósea roja, pero a medida que pasamos madurez, tenemos más de médula ósea amarilla. Ellos son del mismo tejido pero ósea amarilla tiene más tejido adiposo en ella y roja tiene menos tejido adiposo.

- El cartílago - Se trata de un tejido fuerte compuesto de células llamadas condrocitos. El cartílago no contiene vasos sanguíneos o nervios. Desde este tejido se encuentra a menudo en los puntos de presión, sería inútil para poner los vasos sanguíneos y los nervios en ellos. Tres tipos de cartílago se encuentran en el cuerpo.

El cartílago hialino - Este es el segundo tejido más fuerte del cuerpo, justo después de los huesos. En medio de los huesos donde se reúnen y el esqueleto del embrión son sitios comunes de este tejido.

El cartílago elástico - Un tipo de tejido que contiene grandes cantidades de fibras elásticas. Las orejas y la nariz tienen grandes cantidades de este tejido. Es por ello que esas partes del cuerpo son tan flexibles.

Fibrocartílago - El cartílago que se encuentra en las articulaciones en condiciones de alta compresión. Los discos de entre los cuerpos de las vértebras son buenos ejemplos de este tejido. Este tejido se forma cojines en algunas articulaciones, actuando como amortiguadores. Si alguna vez sentiste que algo se explota en la rodilla o en la mandíbula, era fibrocartílago.

3. MUSCULAR
Musculo viene en tres formas en el cuerpo.

Esquelético - Este es el más abundante de los tipos de músculo 3 y siempre está unido al hueso. El músculo esquelético hace alrededor de un 40% de nuestro peso corporal total. Cuenta con más de un núcleo (localización periférica), tenía rayas audaces en él (estrías), está bajo control voluntario y tiene una forma redonda como un tubo. Este músculo es lo que nos movemos nuestras partes del cuerpo con.

Cardíaco - Este músculo sólo se encuentra en el corazón. En el corazón está generando presión para mover nuestra sangre. Estas células tienen un núcleo, están situados en el centro y son de forma redonda. Este músculo es involuntario, lo que significa que no puede controlar con su pensamiento consciente.

El músculo liso - Este músculo se encuentra en más lugares que cualquier otro tipo de músculo. Debido a que se encuentra en muchos lugares, sus funciones son muy variadas. Gran parte de ella se encuentra en nuestro sistema digestivo, que es lo que mueve materiales a través de nuestro tracto intestinal. Este músculo tiene una forma de huso a las células. Tiene un núcleo por célula y también es involuntario.

4. TEJIDO NERVIOSO

El sistema nervioso contiene muchas células, pero las más importantes son las neuronas. Estos son lo que usted puede llamar a las células del cerebro, sino que se encuentran en muchos lugares distintos del cerebro. Una neurona tiene 3 partes principales en ella. Estas piezas son del cuerpo celular (soma), dendrita (donde las neuronas reciben señales) y el axón (la parte de salida de la neurona).

Además de las neuronas se encuentra un grupo de células llamadas gliales o neurogliocitos. Estos son cualquier célula en el sistema nervioso que no es una neurona. Ellos son variadas y múltiples funciones. Cuando lleguemos al sistema nervioso, vamos a ir sobre ellos.

Las neuronas también se clasifican de diferentes maneras. Una clasificación se basa en la estructura de la célula. Algunas neuronas tienen muchas dendritas (células multipolares), algunos tienen una dendrita (células bipolares) y algunos no tienen dendritas (células unipolares). El número de dendritas es todo lo que varía en esta clasificación estructural. El bipolar y unipolar se confunden fácilmente. Bipolar obtener su nombre debido a que tienen dos polos, uno de entrada (1 dendritas) y una salida (1 axón). Unipolar sólo tienen un axón, por lo tanto unipolar.

Tejidos epiteliales de las membranas forman en muchas áreas y lo que necesita saber de ellos.
 1. Membranas serosas - Estas son las mismas membranas discutidos anteriormente en el capítulo 2. Las membranas que rodean los órganos y se encuentran en las cavidades corporales cerrados. Las cavidades pericárdica, pleural y peritoneal tienen estas (interior) y parietal membranas viscerales (exteriores). Las membranas y líquido reducen la fricción y mantienen los órganos en su lugar.

2. Las membranas mucosas - Estas son las membranas que recubren los sistemas del cuerpo, que tienen aberturas hacia el exterior del cuerpo. Los revestimientos de los sistemas respiratorio, digestivo, urinario y reproductivo todos tienen estas membranas.

 3. Membranas sinoviales - Estas membranas se encuentran en algunas de las articulaciones del cuerpo. La membrana lanzará un líquido que contiene ácido hialurónico. Este ácido hace que el cartílago en las articulaciones sea muy resbaladizo y esto reducirá la fricción.

Inflamación
 Cuando un tejido está dañado por cualquier razón, se convertirá en inflamado. La inflamación es causada por los materiales que se mueven desde el sistema cardiovascular en el tejido. Cuando los tejidos se dañan, los productos químicos de la inflamación se liberan. Estos productos químicos trabajan para hacer que los vasos sanguíneos se dilatan (traer más sangre en un tejido) y hacer que los vasos más permeable (permitiendo más para salir de la sangre). Quieres más sangre en un tejido dañado por las siguientes razones:
 1. Traer más glóbulos rojos, entrega más oxígeno a las células, que serán necesarios para la reparación.

2. La obtención en más glóbulos blancos, permitirá más células muertas y los invasores extranjeros para ser destruidos.
3. Traer más plaquetas ayudará a detener la pérdida de sangre.
4. Traer más plasma traerá muchos materiales.

Los signos de la inflamación son: enrojecimiento, calor, dolor, hinchazón y alteración de la función.

PREGUNTAS

1. ¿Cuáles son las 4 principales tipos de tejidos que se encuentran en el cuerpo humano?

2. ¿Qué 3 términos describen el número de capas de células que se encuentran en el tejido epitelial?

3. ¿Qué 3 términos describen las formas de las células epiteliales?

4. ¿Cuáles son las 3 principales tipos de músculos y dónde se encuentran?

5. ¿Cuáles son las 3 regiones principales de una neurona?

6. ¿Qué 3 tipos de fibras se encuentran en el tejido conectivo?

7. ¿Cuál es el nombre del material duro que se encuentra en los huesos?

Capítulo 5 - Preguntas

1. Un tejido se define como _____?
a. un grupo de químicos trabajando juntos
b. un grupo de células más la matriz extracelular
c. un grupo de átomos que trabajan junto
d. un grupo de órganos que trabajan juntos
e. un grupo de sistemas de órganos que trabajan juntos

2. El estudio de los tejidos es _____?
a. citología
b. histología
c. endocrinología
d. patología
e. fisiopatología

3. ¿Cuál de los siguientes no es uno de los cuatro principales tipos de tejidos?
a. epitelial
b. conectivo
c. muscular
d. nervioso
e. tallo

4. ¿Cuáles son las células embrionarias, que más tarde se convierten en los tejidos adultos?
a. epitelial
b. conectivo
c. muscular
d. nervioso
e. tallo

5. ¿Qué tipo de tejido se encuentra el recubrimiento de superficies y la formación de muchas glándulas?
a. epitelial
b. conectivo
c. muscular
d. nervioso
e. tallo

6. ¿Que tipo de tejido es la capa externa de la piel?
a. epitelial
b. conectivo
c. muscular
d. nervioso
e. tallo

7. ¿Qué término describe una célula epitelial con una forma plana?
a. escamosas
b. cúbico
c. de columna
d. transicional
e. estratificado

8. ¿Qué término describe una célula epitelial con una forma de cubo?
a. escamosas
b. cúbico
c. de columna
d. transicional
e. estratificado

9. ¿Qué término describe una célula epitelial con una forma alta y delgada?
a. escamosas
b. cúbico
c. de columna

d. transicional
e. estratificado

10. ¿Qué término describe un tejido epitelial con una capa de células?
a. simple
b. estratificado
c. escamosas
d. transicional
e. queratinizado

11. ¿Qué término describe un tejido epitelial con múltiples capas de las células?
a. simple
b. estratificado
c. escamosas
d. transicional
e. queratinizado

12. ¿Qué término describe un tejido epitelial con una capa de células, pero se parece a dos?
a. pseudostratified
b. estratificado
c. escamosas
d. transicional
e. queratinizado

13. ¿Cuál de los siguientes sería describir la capa externa de la piel?
a. sencilla escamosas
b. cúbico estratificado
c. transicional
d. escamoso estratificado con queratina
e. escamoso estratificado húmedo

14. ¿Qué tipo de tejido epitelial es lo que más probable se encuentra en los riñones?
a. sencilla escamosas
b. sencilla cúbico
c. cilíndrico simple
d. escamoso estratificado
e. cúbico estratificado

15. La mayoría de los tejidos epiteliales estratificados tienen que forma?
a. escamosas
b. cúbico
c. de columna
d. simple
e. estratificado

16. ¿Qué tipo especial de tejido epitelial se encuentra en la vejiga urinaria?
a. sencilla escamosas
b. cúbico estratificado
c. transicional
d. escamoso estratificado con queratina
e. escamoso estratificado húmedo

17. El intercambio de gases en los pulmones, pasa a través de qué tipo de tejido epitelial?
a. sencilla escamosas
b. cúbico estratificado
c. transicional
d. escamoso estratificado con queratina
e. escamoso estratificado húmedo

18. ¿Cuál es la función de una célula copa?
a. la producción de humedad
b. producción de sodio

c. la producción de moco
d. la producción de queratina
e. producción de petróleo

19. Tejidos epiteliales nunca tienen _____?
a. células planas
b. múltiples capas de células
c. revestimientos mucosas
d. vasos sanguíneos
e. células altas y delgadas

20. Tejido epitelial en la capa externa de la piel contiene una proteína resistente llamada?
a. proteoglicanos
b. queratina
c. mucoso
d. lípidos
e. colágeno

21. ¿Qué hace la glándula exocrina que una glándula endocrina no hace?
a. un conducto
b. múltiples capas de células
c. fibras de colágeno
d. fibras elásticas
e. agua

22. ¿Qué tipo de tejido exocrino secreta materiales por exocitosis?
a. apocrinas
b. holocrina
c. merocrine

23. ¿Qué tipo de tejido exocrino secreta materiales pellizcando de una pieza de la célula?

a. apocrinas
b. holocrina
c. merocrine

24. ¿Qué tipo de tejido exocrino secreta materiales por la liberación de toda la célula en un conducto?
a. apocrinas
b. holocrina
c. merocrine

25. ¿Qué estructura va a encontrar en el tejido epitelial, pero en ninguno de los otros tipos de tejidos?
a. fibras de colágeno
b. fibras reticulares
c. proteoglicanos
d. sangre
e. membrana basal

26. Los cilios, flagelos y microvellosidades sólo se encuentraran en que tipo de tejido?
a. epitelial
b. conectivo
c. muscular
d. nervioso
e. tallo

27. ¿Qué característica de la superficie se utiliza para aumentar la superficie de absorción o secreción?
a. cilios
b. microvellosidades
c. flagelos
d. orgánulos
e. núcleo

28. ¿Que característica de la superficie se utiliza para mover los materiales sobre la superficie de la célula?
a. cilios
b. microvellosidades
c. flagelos
d. orgánulos
e. núcleo

29. ¿Qué característica de la superficie se utiliza para propulsar el celular?
a. cilios
b. microvellosidades
c. flagelos
d. orgánulos
e. núcleo

30. ¿Qué tipo de tejido se encuentra en todos los órganos del cuerpo?
a. epitelial
b. conectivo
c. muscular
d. nervioso
e. tallo

31. ¿Qué tipo de tejido contiene más tejidos que cualquier otro?
a. epitelial
b. conectivo
c. muscular
d. nervioso
e. tallo

32. ¿Cuál de los siguientes no es un tejido conectivo?
a. sangre
b. hueso
c. adiposo

d. cartílago
e. músculo

33. ¿Cual célula de tejido conectivo sufijo "la construccion de la celula?"
a. explosión
b. clast
c. cyte

34. ¿Cual célula de tejido significa "quebramiento de la célula?"
a. explosión
b. clast
c. cyte

35. ¿Cual célula de tejido conectivo significa "mantener la célula?"
a. explosión
b. clast
c. cyte

36. ¿Cual es la fibra mas comun del tejido conectivo?
a. colágeno
b. elástico
c. reticular

37. ¿Cuál tejido conectivo tiene grandes espacios entre las células y fibras?
a. denso
b. suelto
c. regular
d. muscular
e. nervioso

38. Tejidos apretadamente fuertes con poco espado entre las ce´lulas y fibras son?
a. denso

b. suelto
c. regular
d. muscular
e. nervioso

39. ¿Qué tejido conectivo tiene mucho líquido entre las células, que fluye como un líquido?
a. tejido conectivo laxo
b. fibrocartílago
c. sangre
d. hueso esponjoso
e. músculo

40. ¿Cuál de los siguientes no es una célula de tejido conectivo?
a. glóbulo blanco
b. adipocito
c. condrocitos
d. fibroblastos
e. de células de músculo

41. ¿Qué molécula de tejido conectivo es bueno para atrapar la agua?
a. colágeno
b. elástico
c. reticular
d. proteoglicanos
e. areolar

42. ¿Cuál de los siguientes no es una función del tejido adiposo?
a. actuando como un amortiguador para las estructuras más profundas
b. el cuerpo aislante
c. el almacenamiento de energía
d. cartílago produciendo
e. la liberación de energía

43. ¿En qué parte del cuerpo encontraremos tejido elástico?
a. hueso
b. sangre
c. arterias
d. músculo
e. neuronas

44. ¿Qué tipo de tejido conectivo contiene osteones?
a. hueso
b. sangre
c. arterias
d. músculo
e. neuronas

45. ¿Cuál es la función de un osteoblasto?
a. la construcción de huesos
b. al pan el hueso
c. a la liberación de calcio
d. para mantener el hueso
e. Ninguna de las anteriores

46. ¿Cuál es la función de un fibroblasto?
a. la construcción de huesos
b. para construir el músculo
c. para construir fibras
d. para construir los macrófagos
e. para construir grasas

47. ¿Cuál es un ejemplo de tejido denso, regular, colágeno conectivo?
a. hueso
b. ligamentos
c. sangre
d. músculo

e. adiposo

48. Los osteocitos viven en el interior de los huesos en los espacios llamados?
a. matriz
b. lagunas
c. canalículos
d. canales centrales
e. osteones

49. El hueso esponjoso contiene muchas estructuras de interconexión que se llama?
a. fibras de colágeno
b. proteoglicanos
c. osteones
d. hueso compacto
e. trabéculas

50. ¿Qué tipo de desarrollo de los huesos forma los huesos planos del cráneo?
a. endocondral
b. intramembranosa

51. ¿En qué tipo de tejido se produce la producción de nuestras células sanguíneas?
a. tejido hematopoyético
b. sangre
c. cartílago
d. tejido conectivo denso regular de
e. todo lo anterior

52. El cartílago es construido por cual células?
a. células hematopoyéticas
b. condroblastos

c. osteoblastos
d. macrófagos
e. trombocitos

53. ¿Qué tipo de tejido conjuntivo tiene la mayoría de fluido en su matriz?
a. hueso
b. ligamentos
c. sangre
d. músculo
e. adiposo

54. La dermis de la piel es de que tipo de tejido?
a. tejido hematopoyético
b. sangre
c. cartílago
d. tejido conectivo denso regular de
e. denso colágeno irregular

55. Las paredes arteriales consisten qué tipo de tejido?
a. tejido hematopoyético
b. denso irregular elástico
c. reticular
d. tejido conectivo denso regular de
e. todo lo anterior

56. Nodos linfáticos contendrán qué tipo de tejido?
a. tejido hematopoyético
b. tejido reticular
c. cartílago
d. tejido conectivo denso regular de
e. Ninguna de las anteriores

57. Los discos que se encuentran entre los cuerpos de las vértebras son qué tipo de tejido?

a. cartílago hialino
b. cartílago elástico
c. fibrocartílago
d. tejido conectivo laxo
e. tejido conectivo denso

58. ¿Qué tipo de músculo es voluntario?
a. esquelético
b. cardíaco
c. liso

59. ¿Qué tipo de músculo se conforma alrededor del 40% de nuestro peso corporal?
a. esquelético
b. cardíaco
c. liso

60. ¿Qué tipo de músculo se encuentra sólo en el corazón?
a. esquelético
b. cardíaco
c. liso

61. ¿Qué tipo de músculo conforma gran parte del tracto digestivo?
a. esquelético
b. cardíaco
c. liso

62. ¿Qué tipo muscular es multinucleadas y tiene núcleos en las bordes de la célula?
a. esquelético
b. cardíaco
c. liso

CAPÍTULO 5 - Respuestas a las preguntas de opción múltiple.

1. B
2. B
3. E
4. E
5. A
6. A
7. A
8. B
9. C
10. A
11. B
12. A
13. D
14. B
15. A
16. C
17. A
18. C
19. D
20. B
21. A
22. C
23. A
24. B
25. E
26. A
27. B
28. A
29. C
30. B
31. B

32. E
33. A
34. B
35. C
36. A
37. B
38. A
39. C
40. E
41. D
42. D
43. C
44. A
45. A
46. C
47. B
48. B
49. E
50. B
51. A
52. B
53. C
54. E
55. B
56. B
57. C
58. A
59. A
60. B
61. C
62. A

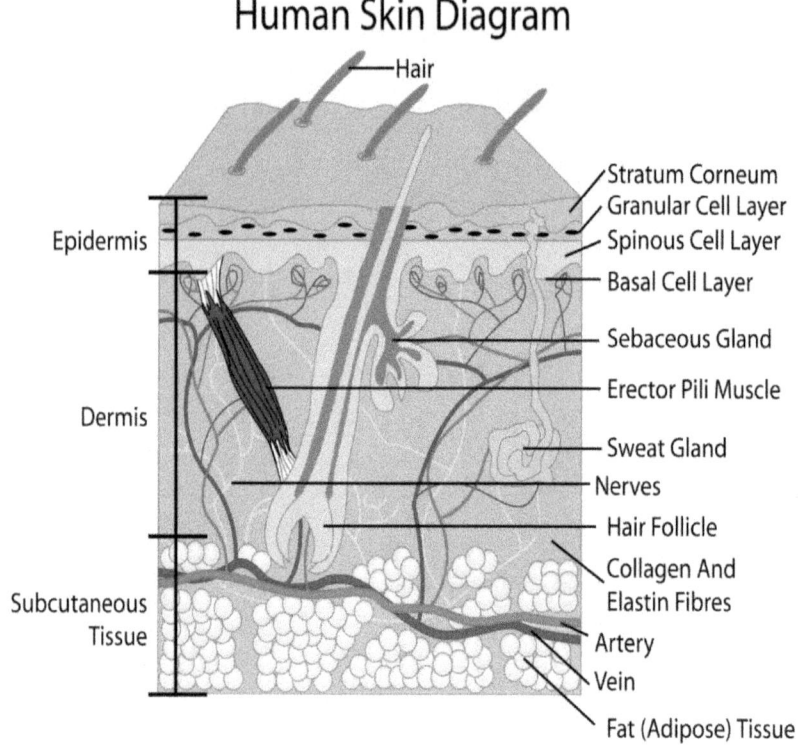

CAPÍTULO 6
Sistema tegumentario

El sistema tegumentario incluye no sólo la piel, sino también el pelo, las uñas y algunas glándulas del cuerpo. Las glándulas son aquellos que son superficiales y se encuentra en su piel. Algunas de estas glándulas todo el mundo ha oído hablar.

Funciones del sistema tegumentario

Algunas de las funciones de este sistema son fáciles de ver. La mayoría de la gente pierisa de protección, cuando piensan en el sistema tegumentario. La gran parte lo que nuestra piel hace es proporcionar una barrera alrededor de nuestro cuerpo. No piense en la piel, que sólo es para las cosas, ya que también mantiene muchas cosas en nuestro cuerpo. Si alguien pierde una gran cantidad de piel, también va a perder grandes cantidades de líquidos y pueden deshidratarse.

Nuestra piel tambien contiene un incontable número de receptores sensoriales en ella también. Muchos de los sentidos que estamos conscientes se asocian con la piel (tacar, picar, dolor, etc.).

Nuestra piel tiene mucho que ver con la temperatura de nuestro cuerpo. Todo el mundo sabe cuando tenemos calor, sudamos. Esta sudoración ayudará a enfriar el cuerpo. Cuando tenemos frío, nos estremecemos. Escalofríos calienta el cuerpo. Otra cosa a tener en cuenta es la vasodilatación y la vasoconstricción de los vasos sanguíneos de la dermis. Piense en los vasos sanguíneos de la piel, como si fuera el radiador en un coche. Cuando el motor se calienta, el agua se bombea a través del radiador para liberar calor. Cuando nosotros nos calentamos dilatamos los vasos sanguíneos en la piel para conseguir la liberación de calor. Es más frío en la superficie de nuestro cuerpo, así que cuando nos traen más sangre allí, nos libere más calor. Cuando tenemos trio, vemos vasos sanguíneos haciendo lo contrario, van a constreñir en nuestra piel. Al guardar la sangre más profundo en el cuerpo, conservamos calor.

La piel es parte de nuestro sistema inmunológico, ya que mantiene a los invasores extranjeros fuera de nuestro cuerpo.

Una pequeña cantidad de eliminación de residuos está asociada con la piel, pero es de menor importancia. La producción de vitamina D se inicia en nuestra piel también.

Los estudiantes a menudo se confunden con las capas que se encuentran dentro de este sistema. El desglose es:

Sistema tegumentario tiene 2 capas: epidermis y dermis. No te olvides de la hipodermis no forma parte de este sistema.

1. Epidermis - La capa externa, esto es el tejido epitelial escamoso estratificado.

2. Dermis - La capa más profunda y donde toda la fuerza de nuestra piel, porque es aquí donde se encuentran el colágeno y otras fibras. La mayoría de todas las estructuras de la piel se encuentran en esta capa.

La epidermis tiene 5 capas (estratos) con en ella:

1. Estrato basal - La capa más profunda, donde la mitosis se produce para reemplazar las capas más externas, que siempre se están perdiendo. Los melanocitos se pueden encontrar en esta capa.

2. Estrato espinoso - La segunda capa en nuestro camino hacia los estratos. Esta capa se debe na su nombre, debido a que las células se miran espinosas, ya que tratan de separar en el camino.

3. Estrato granuloso - Esta capa intermedia recibe su nombre debido a que las células se ven muy oscura y granulada en muestras preparadas. Cuando las células epiteliales alcanzan esta capa, que son en mayoría muertos, comenzará a cambiar a partir de una forma de paralelepípedo de forma escamosa, y tienen muchos materiales añadidos a ellos como la queratina y melanina.

4. Estrato lucidum - Esta es una capa que sólo se encuentra en áreas de piel gruesa del cuerpo. Áreas de la piel gruesas son las palmas de

las manos y la parte inferior de los pies. Estas áreas están bajo más estrés y abrasiones, por lo que nuestro cuerpo tiene una capa extra en su interior para mayor protección.

5. Estrato córneo - Esta capa es la más superficial, es la que se ve en la superficie de su piel. Esta capa es, de lejos, el estrato más gruesa de la epidermis y es incluso más grueso en las áreas de la piel de espesor.

La epidermis nos da una gran protección. La melanina dentro de ella nos protege de la luz ultravioleta. Todo el mundo sabe de los daños de los rayos UV del sol pueden causar. La queratina dentro de estas células hace una buena barrera y es lo que esta capa es. La melanina da color a la piel, el cabello y al iris del ojo.

La epidermis no tiene vasos sanguíneos penetrarlo. Avascular es una característica de los tejidos epiteliales. ¿Por qué no queremos que los vasos sanguíneos penentren penetrar esta capa? La sangre sería demasiado cerca de la superficie del cuerpo. La sangre se pierde fácilmente y materiales extraños podría entrar en ella fácilmente.

La mayoría de las células que se ven en la epidermis son del tipo de los queratinocitos. Se lleva el nombre de la proteína que producen (queratina). Queratina ayuda a que estas células sea una barrera fuerte. Algunas células serán melanocitos. Se lleva el nombre de melanina, el material que nos protege de la radiación UV.

La descamación - El proceso por el cual la capa externa de células epiteliales siempre se están cayendo lejos y siendo reemplazada por nuevas células. Este proceso ayuda a mantener los materiales extraños fuera de nuestra piel.

Queratinización - El proceso por el cual la queratina y otros materiales se añaden a las células epiteliales ya que hacen su camino hasta los estratos.

Tenga en cuenta cómo y por qué nuestra piel cambia de color. Se pone rojo cuando más sangre fluye a través de él, esto occurre´ cuando tenemos calor o sentimos emociones fuertes. Puede obtener pálido o azulado, cuando la sangre está restringido de ella. Crece más oscuro cuando más melanina se produce en su interior.

GLÁNDULAS

1. Glándulas (leche) lactíferos glándulas mamarias

2. Glándulas (cerumen) ceruminosas

3. Sebáceas (grasa) - producen materia aceitosa llamada sebo

- Lubrica el cabello y hace que la piel para repeler el agua

4. Glándulas sudoríparas

a. Merocrine - más común

- Temp sensible, enfriamiento por evaporación

b. Apocrinas - secretar agua y ácidos

- Acre olor corporal

La dermis tiene 2 capas: papilar y reticular.

1. Capa papilar - La capa superficial de la dermis. Esta capa es muy delgada y nos da nuestras huellas dactilares y huellas. La capa hará subir en la epidermis creando surcos. Estas crestas nos dan más fricción cuando sostenemos objetos con nuestras manos. También da la tracción para el fondo de nuestros pies.

2. Capa reticular - Esta capa es la más profunda de la dermis es, con mucho, la más gruesa y más fuerte. Muchas fibras de colágeno se encuentran aquí y siempre están ahí para la fuerza. La mayoría de todas las estructuras de la piel se encuentran en esta capa.

Las estrías (estrías) se producen en el cuerpo cuando la dermis se estira, más rápido de lo que puede crecer. A pesar de que vemos las estrías en la epidermis, las estrías no tienen nada que ver con eso.

Músculos erectores del pelo se encuentran en la dermis y mantiende el pelo para arriba, cuando el músculo se le dice que contrate por el sistema nervioso. Esta acción nos da una barrera entre la piel y el medio ambiente exterior, cuando tenemos frío.

Hipodermis (tejido subcutáneo)

Esta capa no es parte del sistema tegumentario. No olvides que, probablemente será una pregunta de la prueba. Usted sabrá cuando te metes en esta capa profunda, cuando vas a ver todos los adipocitos. Esta es una capa de grasa, que retiene el calor en nuestro cuerpo y también actúa como un colchón para las estructuras más profundas.

Esta capa esta alrededor de la mitad de la grasa en nuestro cuerpo, y es, así que tenemos este relleno.

Otras células incluyen macrófagos para detener la entrada de los invasores y fibroblastos para construir fibras extrañas.

Cabello

Los pelos son lugares donde la epidermis penetra profundamente y produce estas células unidas. Un cabello tiene tres secciones principales: el eje (parte de arriba de la superficie), la raíz (parte debajo de la superficie) y bulbo (ronda de sección profunda, donde el pelo crece de).

Uñas

Las uñas son lugares en los que las células epiteliales se hacen más fuertes. Recibimos muchas funciones de las uñas. Se protegerán los extremos de nuestras cifras, ayuda en defensa, para excavar, etc.

La uña tiene el siguiente anatomía:

cuerpo –de la uña – La uña

borde libre – parte donde se corta

-cuticula (eponiquio) - porción proximal de la uña

- Raíz de la uña - zona donde se genera la uña, en el fondo

- Lúnula - área forma blanca, media luna

- Hiponiquio - región bajo borde libre

- Ranura de uñas - lados de la uña, mantiene en su lugar

- Pliegue de la uña - cresta más groove, mantiene en su lugar

Quemaduras

Quemaduras vienen en tres tipos o grados diferentes.

1er grado - Cuando la epidermis está dañado y el enrojecimiento se ve.

Segundo grado - Cuando la epidermis y la dermis se dañan, se verán las ampollas.

3er grado - Cuando ambas capas de la piel se destruyen y se han ido.

PREGUNTAS

1. ¿Qué estructuras se encuentran en el sistema tegumentario?

2. ¿Qué capas forman la piel?

3. ¿Qué es la fibra dominante de la dermis?

4. ¿Cuál es la función de la melanina?

5. Nombrar los tipos de glándulas en el sistema tegumentario y describir la función de cada uno.

Capítulo 6 - Preguntas

1. ¿Cuántas capas se encuentran en el sistema tegumentario?
a. 1
b. 2
c. 3
d. 4
e. 5

2. ¿Cuál de las siguientes capas no es parte del sistema tegumentario?
a. epidermis
b. dermis
c. hipodermis
d. capa reticular
e. capa papilar

3. ¿Cuántas capas (estratos) se encuentran en la epidermis de la piel?
a. 1
b. 2
c. 3
d. 4
e. 5

4. ¿Cuántas capas se encuentran en la dermis de la piel?
a. 1
b. 2
c. 3
d. 4
e. 5

5. ¿Cuáles son las dos capas principales que se encuentran en el sistema tegumentario?

a. papilar y epidermis
b. epidermis y dermis
c. dermis reticular y
d. papilar y reticular
e. dermis y la hipodermis

6. ¿Cuáles son las dos capas de la dermis?
a. papilar y epidermis
b. epidermis y dermis
c. dermis reticular y
d. papilar y reticular
e. dermis y la hipodermis

7. ¿Cuál es el nombre de la capa de la piel que se puede ver en la superficie?
a. epidermis
b. dermis
c. hipodermis
d. capa reticular
e. capa papilar

8. ¿Cuál es el nombre de la capa más profunda de la epidermis?
a. estrato córneo
b. estrato lúcido
c. estrato granuloso
d. estrato espinoso
e. estrato basal

9. ¿Cuál de los siguientes no se encuentra en el sistema tegumentario?
a. piel
b. cabello
c. uñas
d. glándulas
e. dientes

10. ¿Cual glándula está asociado con el enfriamiento del cuerpo?
a. sudor
b. sebáceo
c. ceruminous
d. sudor y sebácea
e. todo lo anterior

11. ¿Cual glándula segrega aceite sobre la piel?
a. sudor
b. sebáceo
c. ceruminous
d. sudor y sebácea
e. todo lo anterior

12. ¿Cuál glándula se pueden encontrar en la producción de la cera del oído?
a. sudor
b. sebáceo
c. ceruminous
d. sudor y sebácea
e. todo lo anterior

13. ¿Cómo describirías la epidermis?
a. sencilla escamosas
b. cúbico estratificado
c. seudoestratificado
d. escamoso estratificado
e. transicional

14. ¿Qué vitamina se produce parcialmente en la piel?
a. A
b. B
c. C
d. D

e. E

15. La mayoría de las células de la epidermis estarán produciendo qué material?
a. melanina
b. queratina
c. sebo
d. agua
e. lípidos

16. ¿De qué material en la piel nos protege de la luz ultravioleta?
a. melanina
b. queratina
c. sebo
d. agua
e. lípidos

17. ¿En qué capa de la epidermis se produce la mitosis?
a. estrato córneo
b. estrato lúcido
c. estrato granuloso
d. estrato espinoso
e. estrato basal

18. ¿Qué capa de la epidermis sólo se encuentra en áreas de piel gruesa?
a. estrato córneo
b. estrato lúcido
c. estrato granuloso
d. estrato espinoso
e. estrato basal

19. ¿Cuál es la capa de la epidermis más gruesa?
a. estrato córneo
b. estrato lúcido

c. estrato granuloso
d. estrato espinoso
e. estrato basal

20. ¿Qué capa de la dermis es la más superficial?
a. epidermis
b. dermis
c. hipodermis
d. capa reticular
e. capa papilar

21. ¿Qué capa de la dermis es la más gruesa y contiene la mayoría de las estructuras?
a. epidermis
b. dermis
c. hipodermis
d. capa reticular
e. capa papilar

22. ¿Qué capa de la dermis nos da las huellas y huellas dactilares?
a. epidermis
b. dermis
c. hipodermis
d. capa reticular
e. capa papilar

23. ¿Cuál fibra proporciona la mayor parte de la fuerza de la piel?
a. colágeno
b. reticular
c. elástico

24. El sebo es secretada por cual glándula?
a. sudor
b. sebáceo
c. ceruminous

d. sudor y sebácea

e. todo lo anterior

25. ¿Qué parte de un cabello se ve por encima de la superficie de la piel?

a. eje

b. raíz

c. bombilla

d. médula

e. corteza

26. ¿Cual quemadura tendrá ampollas?

a. primer grado

b. segundo grado

c. tercer grado

CAPÍTULO 6 - Respuestas a las preguntas de opción múltiple.

1. B
2. C
3. E
4. B
5. B
6. D
7. A
8. E
9. E
10. A
11. B
12. C
13. D
14. D
15. B
16. A
17. E
18. B
19. A
20. E
21. D
22. E
23. A
24. B
25. A
26. B

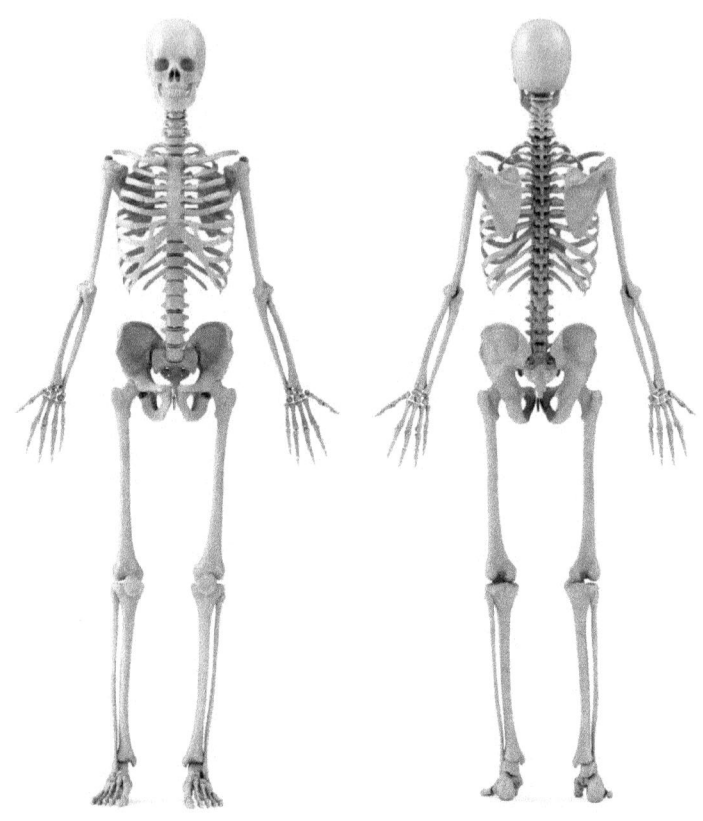

CAPÍTULO 7 - Sistema esquelético

El humano promedio tiene 206 huesos en su cuerpo. Se podría pensar que todos tendremos el mismo número de huesos, pero es común ver a una desviación en el número. Algunas personas tienen huesos adicionales en el cráneo, vértebras, costillas adicional, etc.

Funciones del sistema esquelético

1. Protección de los órganos más profundos. El hueso es el tejido más fuerte en nuestro cuerpo, lo utilizamos para proteger a otras estructuras en nosotros. El cráneo protege el cerebro, el esternón y las costillas a protege el corazón y los pulmones, etc.
2. Apoyar a nuestros cuerpos. Los huesos son como el acero y el hormigón en el interior de un edificio. Este marco es lo que todas las otras estructuras están unidos en una forma u otra. Nuestra apariencia general es debido a la presencia de nuestros huesos.
3. El movimiento de nuestros cuerpos. La mayoría de lo que pensamos que es el movimiento es el uso de los músculos esqueléticos tirando de nuestros huesos. Nuestros músculos utilizan nuestros huesos como palancas simples para lograr lo que necesitamos de ellos.
4. Almacenamiento. Nuestros huesos almacenan muchos materiales para uso futuro. Todos podríamos nombrar que el calcio es el material que almacenamos, pero la energía se almacena en las células de grasas, fosfatos se almacenan en la parte mineral del hueso duro y otros materiales.
5. La hematopoyesis. Esta es una manera elegante de decir, "Creación de las células de la sangre." Cada célula que vemos en nuestra sangre se hizo en nuestra médula ósea roja. La médula ósea roja también se llama tejido hematopoyético.

Las estructuras del sistema esquelético
1. El tejido óseo constituye la mayor parte del sistema esquelético. Vamos a cubrir el contenido de este tejido pronto.
2. Los ligamentos son los arreglos de colágeno densas regulares que unen a nuestros huesos.
3. El cartílago está muy involucrado con el sistema esquelético. Veremos cartílago en casi todas la partes que vemos huesos.
 El cartílago hialino se encuentra donde cubre los huesos en una articulación. Dondequiera que los huesos se unen desea que este duro cartílago vítreo, suave, entre ellos para reducir la fricción. Donde veas huesos en crecimiento y desarrollo temprano en nuestras vidas, también se puede encontrar cartílago hialino allí.

Almohadillas de fibrocartílago se encuentran en algunas articulaciones, actuando como amortiguadores. Esto evita que los huesos se golpean juntos y causen daños. Discos intervertebrales entre las vértebras, menisco en nuestras rodillas y cojines en mandíbulas son todos los lugares que encontramos fibrocartílago.

El cartílago crecerá desde dentro (crecimiento intersticial) o en la superficie (crecimiento appositional). Sólo verá crecimiento aposicional con los huesos. Los huesos son demasiado difíciles de ampliar, por lo que no va a crecer desde dentro, sólo en la superficie.

Formas óseas

Los huesos se pueden encontrar en nuestro cuerpo en 4 formas básicas.

1. Los huesos cortos. Los huesos cortos en realidad se miran cuadradados, rectangular o redonda. Los huesos del carpo en nuestras muñecas y los tarsos en nuestros tobillos son buenos ejemplos de estos huesos.

2. Los huesos largos. Huesos largos deben ser largo y con forma de cilindro. Esta categoría puede ser confuso. Algunos huesos, como el esternón y las costillas parecen que deberían ser los huesos largos, pero se consideran huesos planos, porque son delgadas y planas. No se sorprenda si laforma de el esternón o costilla un examen. Los huesos largos se ven en las extremidades superiores e inferiores. Anatomía de los huesos largos incluirá los términos:

-Diàfisis - La parte larga y recta del hueso.

-Epífisis - Las piezas de los extremos de extrañas formas del hueso.

Placa -Epífisis - el área hacia el extremo de un hueso largo, donde el hueso se hace más largo. Esta zona del cartílago se convertirá en una placa de hueso duro llamado la línea epifisaria en la edad adulta.

Cavidad -Medullary - el espacio hueco en el centro, donde se encuentra la médula ósea roja.

3. Los huesos planos. Los huesos planos serán siempre delgada. Los grandes huesos del cráneo, como el frontal, parietal, temporal y occipital son Buenos ejemplos de estos nuesos.

4. Los huesos irregulares. Si cualquier hueso no encaja fácilmente en una de las categorías anteriores, o que tiene una forma de locura, pertenecerá a este grupo. Las vértebras y huesos esfenoides son buenos ejemplos.

El tejido óseo. Tenemos que saber lo que está en los huesos.
El tejido óseo contendrá tres grandes tipos de células: los osteoblastos (constructores de huesos), los osteoclastos (romper los huesos) y osteocitos (mantener los huesos construir un poco). Nos enteramos de estos sufijos en un capítulo anterior, por lo que no las olvide. No hay que confundir el tejido óseo con un hueso, se trata de dos estructuras diferentes. Un hueso es un órgano, ya que contiene tejido óseo y médula ósea roja. El tejido óseo es una colección de células y la matriz. Esto a veces son una pregunta de la prueba. Los osteoblastos y osteoclastos siempre se encuentran en el exterior del hueso y osteocitos siempre se le encuentra más profunda en el hueso, que viven en el interior de un pequeño espacio llamado lagunas. Irradiaba de ellos lagunas será muchas grietas minúsculas llamadas canalículos.

Nuestros huesos están en constante cambio (remodelación) para adaptarse a las tensiones, que ponemos en ellos. Este proceso de remodelación es el resultado de la actividad de los osteoblastos y los osteoclastos. Si nuestros huesos son para mantenerse saludable necesitamos la vitamina D, el calcio, la vitamina C (la síntesis de colágeno) y otros materiales.

En cualquier tejido que no sólo tiene las células, sino también la matriz. La matriz del hueso está compuesto principalmente de dos materiales: colágeno e hidroxiapatita (sal de hueso).
El colágeno es en el hueso para dar la flexibilidad del hueso. Nosotros no pensamos en nuestros huesos, como ser flexible, pero son, si están sanos. Ahora recuerde una fibra de colágeno no se estirará, pero va a doblar, al igual que un cable de acero. Aquí es

donde la flexibilidad viene. Este material hace que alrededor de 1/3 de la matriz ósea.

La hidroxiapatita es la parte mineral del hueso duro. Aquí es donde la fuerte resistencia del mismo peso de hueso viene. Este material hace que aproximadamente 2/3 de la matriz ósea.

Para entender por qué tenemos estos dos materiales en los huesos, comparamos construcción de hueso con la construcción de puentes. Piense en lo que un puente se ve como cuando se está parcialmente terminado. Mirando dentro del puente se ven dos materiales: barras de acero y hormigón. ¿Por qué son las barras de acero en el puente? Para una mayor flexibilidad. Si está de pie en un puente cuando un coche va sobre él, usted puede sentir el movimiento del puente (esta es la flexibilidad). ¿Por qué es el hormigón en el puente? Para darle fuerza la carga de peso (para sostener el peso coches).

¿Qué pasaría si el puente fue construido en su totalidad de las barras de acero? Sería demasiado flexible. Nuestros huesos son demasiado flexibles si no tenemos lo suficiente de los materiales duros en ellos. Alguien con las piernas arqueadas no tenía suficiente hidroxiapatita en sus huesos en algún momento. Las extremidades inferiores se inclinaron bajo el peso del cuerpo, porque eran demasiado flexible.

¿Qué pasaría si el puente fue construido enteramente de hormigón? No sería lo suficientemente flexible. El puente no tardaría en resquebrajarse y romperse, ya que fue utilizado. Sin suficiente colágeno en los huesos, se agrietan y se rompen con facilidad. La falta de colágeno es una cosa que hace los huesos frágiles en los ancianos.

La estructura ósea
Verá muchas veces de los huesos en su texto, aquí están algunas de ellas:

1. El hueso compacto - Este es el tipo de hueso que se puede ver en diapositivas, donde se ve lo que parece tocones. Este es el tipo de hueso muy denso y duro visto superficialmente alrededor de los huesos.
2. Hueso esponjoso (esponjosa) - Este es el tejido óseo duro, pero hay un montón de espacios entre las estructuras llamadas trabéculas. Cada vez que vea trabéculas, piensas hueso esponjoso, porque es allí donde te encuentres. Este hueso no es suave, sólo parecía una esponja para alguien. Las trabéculas conectan en todas las direcciones que dan fuerza a las regiones más profundas de los huesos. Se encuentra a menudo en los extremos de los huesos también.
3. El hueso reticular (hueso inmaduro) – Este hueso joven es y nuevo.
4. Hueso laminar (hueso maduro) – Hueso desarrollado.
5. Usted todavía tiene también sus diferentes formas óseas.

Calcio en la sangre
Todos sabemos que tenemos el calcio en nuestros huesos. Es allí por la fuerza en la hidroxiapatita, pero también existe para el almacenamiento. El hueso es un tejido conectivo y una de las funciones de los huesos, es el almacenamiento. Piense por qué tenemos los osteoclastos. Cuando íbamos a querer romper el hueso? Queremos almacenar calcio y posteriormente liberarlo, para equilibrar nuestros niveles de calcio en la sangre. Necesitamos niveles adecuados de calcio en nuestro cuerpo para otras funciones como: coagulación, la contracción muscular y los potenciales de membrana.

Para equilibrar el calcio en la sangre y el cuerpo, tenemos dos hormonas para hacer esto.
1. La calcitonina - Esta hormona inhibe los osteoclastos en nuestros huesos. Si inhibimos osteoclastos, nos estamos deteniendo la liberación de calcio. Queremos detener la liberación de calcio,

cuando tenemos la cantidad adecuada de calcio en la sangre. Esta hormona se libera cuando los niveles de calcio son adecuados o alta.

2. La hormona paratiroidea (PTH) - Esta hormona estimula los osteoclastos en nuestros huesos. Si estimulamos osteoclastos, liberamos el calcio de los huesos. Recuerde, los materiales se entregan a los tejidos por la sangre, por lo que si rompemos el tejido hacia abajo, los materiales se remontan a la sangre. Así, los osteoclastos estimulantes lanzará el calcio de los huesos y ayudan a elevar nuestros niveles de calcio en la sangre. PTH también apunta a otros tejidos.
El intestino delgado está dirigido y PTH le dirá las células del intestino delgado para absorber el calcio a medida que pasa a través del tracto GI. Esto también aumentará nuestros niveles de calcio en la sangre.
Los riñones también están dirigidos y PTH le dirán a los riñones para reabsorber calcio nuevamente dentro de nuestro cuerpo. Esto elevará los niveles de calcio en la sangre.
PTH también aumentará la producción de vitamina D. La vitamina D aumenta la absorción de calcio en el intestino delgado. Todo esto va a aumentar los niveles de calcio en la sangre, por lo que la PTH es liberada cuando los niveles de calcio en la sangre son bajos. Este es un simple mecanismo de retroalimentación negativa.

Desarrollo de hueso
Los huesos se desarrollan en dos formas principales.
1. Intramembranosa osificación - Este es un tipo de desarrollo de los huesos visto antes de nacer y en los dos primeros años de vida. Sólo unos pocos de nuestros huesos se desarrollan por este proceso y que son en su mayoría en el cráneo. Los huesos planos del cráneo son buenos ejemplos de donde se encuentra este tipo de osificación. Este tipo de desarrollo de los huesos origina a partir de otra que el cartílago de tejido. Este tejido no es tan rígida como el cartílago y esto da flexibilidad a la cabeza en el momento del nacimiento. Los

puntos blandos en el cráneo entre estos huesos en desarrollo son lo que llamamos puntos blandos (fontanelas).
2. La osificación endocondral - Este tipo de desarrollo de los huesos implica cartílago hialino. La mayoría de los huesos de nuestro cuerpo eran cartílago hialino antes de los huesos. El crecimiento óseo comenzará siempre en el centro de un hueso (centros de osificación primaria) y el hueso nuevo se desarrollará en el exterior de la edad ósea (crecimiento appositional). Hacia los extremos de los huesos largos veremos una zona de este cartílago y es en este punto, vemos los huesos largos cada vez más largos. Esta zona de cartílago (placa de crecimiento) es donde nuestros huesos largos, se hacen más largos. A medida que alcanzamos la madurez esta placa epifisaria (cartílago) se convertirá en la línea epifisaria (hueso), en este momento llegamos a nuestra altura máxima. Algunos de los cartílago hialino original permanece en el hueso y cubre los extremos de ellos en las articulaciones. Este cartílago hará una tapa dura, vidriosa para reducir la fricción.

Nuestro sistema esquelético se divide en 2 grandes divisiones:
1. División Axial - Estos son los huesos hacia abajo el centro del cuerpo. Cráneo, hioides, vértebras, costillas y esternón.
2. División Apendicular - Los huesos de nuestros miembros superiores e inferiores, además de la cinturas pectoral y pélvica (los huesos que sostienen nuestros miembros superiores e inferiores a la división axial).

Algunos datos sobre el sistema esquelético
1. 206 huesos para la mayoría de la gente.
2. 80 huesos en la división axial.
3. 126 huesos en la división apendicular.
4. Los 22 huesos en el cráneo.
5. 26 huesos de la columna vertebral del adulto. 7 cervical, torácica 12, 5 lumbar, 1 coccígea
6. senos paranasales son los huesos con espacios huecos, que conducen a la cavidad nasal. Estos huesos son frontal, maxilar,

esfenoidal y etmoidal. Estos espacios huecos aligeran el cráneo y afectan a nuestra forma de hablar.

7. adulta medio tiene 32 dientes. 8 incisivos, caninos 4, 8 premolares y 12 molares.

8. 12 pares (24) costillas. Pares 1-7 son costillas verdaderas, 8-12 son falsas costillas y 11-12 costillas también son flotantes.

9. El hueso lateral del antebrazo es el radio.

Su texto va a tener muchas imágenes de los huesos. Buena suerte, mucha memorización.

Articulaciones - Articulaciones

Una articulación es sólo una forma elegante de decir conjunta. Una articulación es en cualquier lugar de dos o más huesos se unen.

Usted debe estar familiarizado con los principales tipos de articulaciones en el cuerpo. Seré lo más breve posible sobre cada uno.

La clasificación estructural es el más ampliamente utilizado. Hay 3 clasificaciones estructurales con unos subcategorías dentro de ellos.

1. articulación fibrosa - Una articulación unidos por fibras de colágeno. Este conjunto tiene poco o ningún movimiento entre los huesos.

  Tres subcategorías.

   a. sindesmosis - Un conjunto unido por ligamentos.

   b. gomphoses - Conjuntas encontrado entre los dientes y los procesos alveolares.

   c. suturas - Las articulaciones entre los huesos planos del cráneo.

2. articulación cartilaginosa - Un conjunto vinculado por cartílago, hialino o fibrocartílago solamente.

   a. sincondrosis - Un conjunto vinculado por cartílago hialino.

   b. sínfisis - Un conjunto vinculado por fibrocartílago.

3. articulación sinovial - Un conjunto más complejo, que está rodeado por una cavidad llena de líquido llamado bursa.

a. la unión de bisagra - Un cilindro redondo rodeado por una estructura en forma de C. Al igual que la bisagra de una puerta. Ejemplo – el codo

b. ensillar conjunta – forma conjunta de una silla de montar un caballo. Ejemplo - la base del dedo pulgar.

c. Junta pivotante - conjunto cuando un hueso gira sobre su eje longitudinal. Ejemplo - el giro de la radio cuando se gira la mano.

d. elipsoide conjunta - tome una articulación de rótula y convertirla como forma de futbol. Ejemplo - donde la primera vértebra cervical se encuentra con el cráneo.

e. rótula - simplemente una forma de bola que descansa en un casquillo hueco. Ejemplo - el hombro y la cadera.

f. deslizándose conjunta - dos superficies opuestas planas deslizantes uno sobre el otro. Ejemplo - facetas de las vértebras.

Los movimientos de las articulaciones

1. Flexión - doblar o disminuir el ángulo entre los huesos. Una excepción es en la rodilla.
2. Extensión - para enderezar o aumentar el ángulo entre los huesos. Una excepción es en la rodilla.
3. Elevación - para mover una parte del cuerpo en una dirección superior.
4. Depresión - para mover una parte del cuerpo en una dirección inferior.
5. Flexión plantar - a ponerse de puntillas.
6. La dorsiflexión - para volver sobre los talones.
7. Secuestro - para mover una parte del cuerpo lejos de la línea media del cuerpo.
8. Aducción - para mover una parte del cuerpo hacia la línea media del cuerpo.
9. Rotación - para activar una parte del cuerpo en su eje longitudinal. Piense en hacer girar una tubería.
10. La pronación - para encender la palma hacia abajo o para tumbarse boca abajo.

11. La supinación - para encender la palma hacia arriba o sobre su espalda.
12. Circunducción - se mueva en una, forma de cono movimiento circular. Sólo se puede hacer en la cadera y el hombro, en tenemos rótulas.
13. Protracción - se deslice hacia delante en la dirección anterior.
14. La retracción - se deslice hacia atrás en dirección posterior.
15. Excursión lateral - mover la mandibular a la derecha oa la izquierda.
16. Medial Excursión - volver la mandíbula hacia el centro.
17. Inversión - para convertir la parte inferior de su pie en.
18. La eversión - para encender la parte inferior de su pie fuera.

PREGUNTAS

1. ¿Cuáles son las principales funciones del sistema esquelético?

2. ¿Cuántos huesos tiene el adulto promedio?

3. ¿Cuál es la diferencia entre el esqueleto axial y apendicular?

4. ¿Cuántos huesos se encuentran en el cráneo humano?

5. ¿Cuál tiene más huesos en el mismo, el axial o esqueleto apendicular?

6. ¿Cuál 2 materiales conforman hueso y cuanto es que debe compensar el porcentaje de hueso?

7. ¿Cuáles son los tipos de células que se encuentran en 3 hueso?

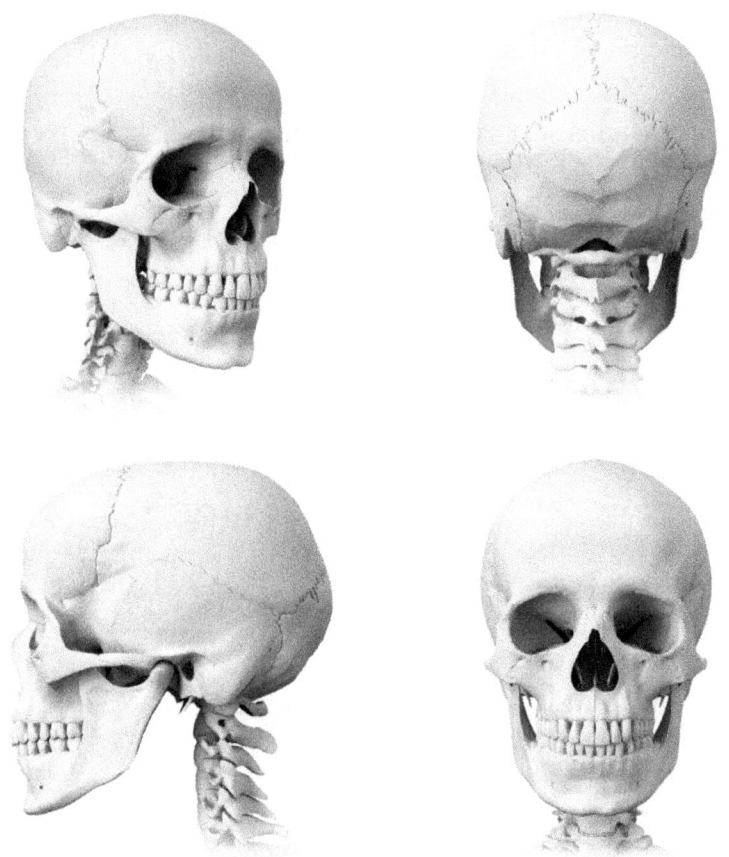

Capítulo 7 - Preguntas

1. El ser humano promedio tiene el número de huesos en el cuerpo?
a. 125
b. 106
c. 200
d. 206
e. 254

2. ¿Cuál de los siguientes no es una función del sistema esquelético?
a. hematopoyesis
b. almacenamiento
c. la protección de estructuras más profundas

d. soportar el cuerpo
e. la producción de vitamina D

3. ¿Qué estructuras se unen los huesos entre sí?
a. ligamentos
b. tendón
c. fibras reticulares
d. fibras elásticas
e. dermis

4. El húmero sería que la forma del hueso?
a. corto
b. largo
c. plano
d. irregular
e. Ninguna de las anteriores

5. Torácica vértebras sería que la forma del hueso?
a. corto
b. largo
c. plano
d. irregular
e. Ninguna de las anteriores

6. ¿Qué tipo de célula es responsable del crecimiento de los huesos?
a. osteoblastos
b. osteoclastos
c. osteocitos
d. canalículos
e. osteones

7. ¿Qué tipo de célula es responsable de mantener el tejido óseo?
a. osteoblastos
b. osteoclastos
c. osteocitos

d. canalículos
e. osteones

8. ¿Qué tipo de célula es responsable de la liberación de calcio de los huesos?
a. osteoblastos
b. osteoclastos
c. osteocitos
d. canalículos
e. osteones

9. La mayoría de los huesos se desarrollan a partir de qué tipo de cartílago?
a. hialino
b. fibrocartílago
c. cartílago elástico

10. ¿Qué tipo de cartílago se puede encontrar que cubre los extremos de los huesos, proporcionando una superficie lisa, vidriosos?
a. hialino
b. fibrocartílago
c. cartílago elástico

11. ¿Qué tipo de cartílago se puede encontrar entre los cuerpos de las vértebras que actúan como un colchón?
a. hialino
b. fibrocartílago
c. cartílago elástico

12. ¿Cual fibra se encuentra en abundancia en la matriz ósea?
a. colágeno
b. elástico
c. reticular

13. ¿Cuál fibra da nuestra flexibilidad en los huesos?
a. colágeno
b. elástico
c. reticular

14. ¿Cuál es el nombre de la, materia mineral duro que se encuentra en la matriz del hueso?
a. osteones
b. canalículos
c. sistema haversiano
d. hidroxiapatita
e. trabéculas

15. Después de un osteoblasto se rodea en la matriz ósea se convierte en un (a)?
a. osteoclastos
b. osteocitos
c. osteoclastos
d. de células muertas
e. glóbulos rojos

16. ¿Qué vitamina es necesaria para la absorción de calcio?
a. la
b. B
c. C
d. D
e. E

17. ¿Qué vitamina es necesaria para la producción de colágeno?
a. la
b. B
c. C
d. D
e. E

18. ¿Qué hormona disminuye la actividad de los osteoclastos?
a. calcitonina
b. la hormona paratiroidea
c. vitamina D
d. vitamina E
e. hidroxiapatita

19. La hormona paratiroidea hará cuál de las siguientes?
a. aumentar la actividad de los osteoclastos
b. aumentar la producción de vitamina D
c. aumentar la absorción de calcio en el intestino delgado
d. aumentar la reabsorción de calcio en los riñones
e. todo lo anterior

20. ¿Qué hormona trabaja para aumentar los niveles de calcio en la sangre?
a. calcitonina
b. la hormona paratiroidea
c. vitamina D
d. vitamina E
e. hidroxiapatita

21. ¿Qué hormona trabaja para disminuir los niveles de calcio en la sangre?
a. calcitonina
b. la hormona paratiroidea
c. vitamina D
d. vitamina E
e. hidroxiapatita

22. La mayoría de los huesos se desarrollan mediante qué proceso?
a. osificación intramembranosa
b. osificación endocondral

23. ¿Cual el es hueso que se encuentra en la división axial del sistema esquelético?
a. húmero
b. radio
c. pubis
d. fémur
e. vértebras

24. ¿Cual es el hueso que se encuentra en la división apendicular del sistema esquelético?
a. costilla
b. esternón
c. hioides
d. carpiano
e. proceso xifoides

25. ¿Cuántos huesos se encuentran en el cráneo humano promedio?
a. 14
b. 22
c. 24
d. 30
e. 41

26. ¿Cuántas vértebras cervicales tiene el ser humano medio?
a. 7
b. 12
c. 5
d. 1
e. 9

27. ¿Cuántas vértebras tiene el adulto de promedio?
a. 12
b. 21
c. 26
d. 30

e. 31

28. ¿Qué hueso del antebrazo es lateral (recordar la posición anatómica)?
a. carpiano
b. radio
c. cubito
d. húmero
e. metacarpiano

29. ¿Donde se encuentran los huesos del tarso?
a. muñeca
b. tobillo
c. cuello
d. baja de la espalda
e. cráneo

30. ¿El hueso más grande del cuerpo es?
a. fémur
b. húmero
c. huesos coxales
d. tibia
e. peroné

31. El adulto promedio tiene el número de dientes?
a. 20
b. 24
c. 30
d. 32
e. 38

32. Los primeros 7 pares de costillas se llaman?
a. costillas verdaderas
b. falsas costillas
c. costillas flotantes

33. ¿Cuántas costillas tiene el ser humano medio?
a. 12
b. 20
c. 24
d. 30
e. 32

34. ¿Cómo identificar una vértebra cervical?
a. Tiene un juego extra de facetas.
b. Tiene un cuerpo grande y pesado.
c. Cuenta con 3 agujeros.
d. La apófisis espinosa apunta hacia abajo bruscamente.
e. Ninguna de las anteriores

35. El sacro es una fusión de la cantidad de los huesos durante el desarrollo embrionario?
a. 2
b. 4
c. 5
d. 6
e. 8

36. ¿Qué parte de una vértebra es la más anterior?
a. cuerpo
b. apófisis espinosa
c. apófisis transversa
d. foramen vertebral
e. arco vertebral

37. ¿Cuántos huesos se encuentran en la división axial del esqueleto?
a. 126
b. 80
c. 206

d. 94
e. 156

38. Los huesos de los dedos de manos y pies son?
a. carpo
b. metacarpianos
c. huesos falange
d. tarsos
e. metatarsianos

39. Hallux es otro nombre de qué?
a. dedo índice
b. nariz
c. dedo pulgar del pie
d. pelvis
e. miembro inferior

40. Una articulación unidos por fibras de colágeno es?
a. articulación fibrosa
b. articulación cartilaginosa
c. articulación sinovial
d. conjunto de silla
e. articulación deslizándose

41. Las juntas de clavija y receptáculo donde los dientes encajan en los procesos alveolares son que las articulaciones?
a. gomphoses
b. sutura
c. articulación sinovial
d. articulación elipsoide
e. sínfisis

42. Los osteocitos viven dentro de espacios huecos en los huesos llamados?
a. canalículos

b. osteones
c. lagunas
d. laminillas
e. canal central

43. En el centro de cada osteon como se llama un agujero?
a. canalículos
b. osteones
c. lagunas
d. laminillas
e. canal central

44. Huesos largos se hacen más largos en qué región?
a. diáfisis
b. epífisis
c. cavidad medular
d. placa de crecimiento
e. cartílago articular

45. Los huesos frontal y parietal tienen la forma?
a. corto
b. largo
c. plano
d. irregular
e. Ninguna de las anteriores

46. Los puntos blandos que se encuentran en el cráneo de un bebé se llaman?
a. placas epifisarias
b. fontanelas
c. lagunas
d. canales centrales
e. osteones

47. Se encoge los hombros es un ejemplo de cual acción?

a. flexión
b. elevación
c. dorsiflexión
d. prolongación
e. inversión

48. Doblar el brazo en el codo es un ejemplo de que acción?
a. flexión
b. elevación
c. dorsiflexión
d. prolongación
e. inversión

49. La colocación de su peso sobre los talones es un ejemplo de que acción?
a. flexión
b. dorsiflexión
c. flexión plantar
d. pronación
e. supinación

50. El ir para arriba en sus dedos de los pies es un ejemplo de que acción?
a. flexión
b. dorsiflexión
c. flexión plantar
d. pronación
e. supinación

CAPÍTULO 7 - Respuestas a las preguntas de opción múltiple.

1. D
2. E
3. A
4. B
5. D
6. A
7. C
8. B
9. A
10. A
11. B
12. A
13. A
14. D
15. B
16. D
17. C
18. A
19. E
20. B
21. A
22. B
23. E
24. D
25. B
26. A
27. C
28. B
29. B
30. A
31. D
32. A
33. C

34. C
35. C
36. A
37. B
38. C
39. C
40. A
41. A
42. C
43. E
44. D
45. C
46. B
47. B
48. A
49. B
50. C

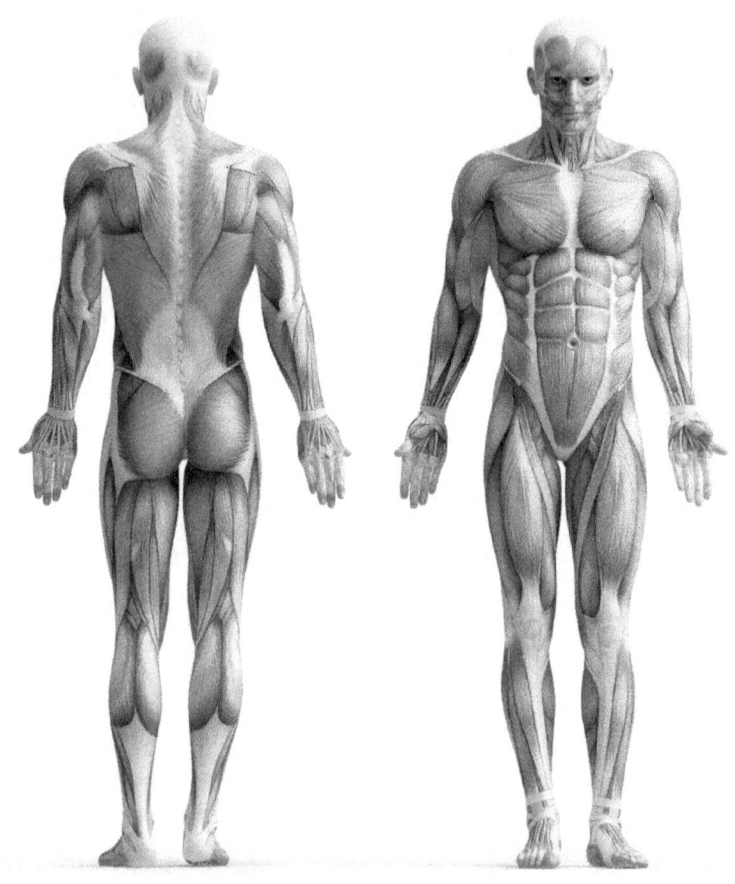

CAPÍTULO 8 - Sistema Muscular

Los músculos se utilizan en el cuerpo para un propósito general, se hacen más cortos y esto es lo que causa a tirar cosas. Los músculos tienen muchas funciones, pero todo se reduce a su capacidad de contraerse (acortarse). Tomaremos un músculo hasta el nivel químico y ver cómo se contrae.

Los músculos tienen la característica de ser excitable. Esto significa que son capaces de responder a las señales del sistema nervioso y endocrino.

Extensibilidad es la capacidad de un músculo para volver a su longitud original después de la contracción.

Hemos visto en el capítulo anterior que tenemos tres tipos de músculos en nuestro cuerpo. Por lo general, cuando alguien dice, "músculo", están hablando del músculo esquelético. Los tres tipos de músculos son muy similares en su funcionamiento, pero tienen pequeñas diferencias. Nos concentraremos en el músculo esquelético y hablaremos más sobre cardíaco y liso en futuros capítulos.

Comparación de tipos de músculo
1. Esquelético y cardíaco tienen forma de cilindro. El músculo liso tiene forma de huso. Esto significa que es gruesa en el centro y cónica en los extremos, como una pelota de fútbol.
2. Cardíaco y liso tienen un núcleo, situado en el centro. Esquelético es multinucleadas y el núcleo está en la periferia (borde exterior). Las células del músculo esquelético se originan de varias células más pequeñas durante el desarrollo embrionario. Estas células del edificio del músculo son llamadas mioblastos. Mio significa músculo en América y blastocitos es construir.
3. Cada uno tiene una función diferente. El músculo esquelético se une a los huesos y, obviamente, tira de ellos. El músculo cardíaco sólo se encuentra en el corazón y genera la presión arterial. El músculo liso se encuentra en muchos lugares y tiene muchas funciones.
4. Cardiaco y el músculo liso son involuntarios (trabaja automáticamente), pero esquelético se controla conscientemente.
5. El músculo esquelético y cardíaco es estriado (tienen rayas), lisa, que no lo hace.

Se le pedirá al menos una pregunta sobre las similitudes y diferencias de los tipos de músculos.

Usted también necesita saber algunos términos generales, que se utiliza con los músculos.
1. Tendón - Un arreglo de colágeno denso vinculante un músculo a un hueso.
2. Origen (cabeza) - El final más estacionaria de la unión de un músculo.
3. Inserción - El final más móvil de la unión de un músculo. Cuando un músculo se contrae, se dará cuenta de que uno de los extremos del músculo no se mueve (origen) y el otro lo hace (inserción).
4. Acción - El movimiento realizado por un músculo.
5. Endomisio - El tejido conectivo que rodea a cada célula muscular.
6. Epimisio - El tejido conectivo que rodea un músculo entero.
7. Perimisio - El tejido conectivo que rodea fascículos (haces de células musculares).
8. Aponeurosis – Un tendo´n plano y amplio. La mayoría de los tendones son como elaspecto de cables.
9. Los sinérgicos - Un grupo de músculos que están trabajando juntos para lograr la misma acción.
10. Agonista - El músculo responsable de una acción en particular. Un músculo oposición de otra.
11. Antagonista - Un músculo que se opone a un agonista.
12. Fijadores - Músculos utilizados para fortalecer y estabilizar una articulación.
13. Sarcoplasma - El citoplasma de una célula muscular.
14. Sarcolema - La membrana plasmática de una célula muscular.
15. Retículo sarcoplásmico - El retículo endoplásmico liso de una célula muscular. Esta estructura almacena grandes cantidades de calcio, que es necesario para la contracción muscular.
16. Sarcómero - La región entre dos discos z.
17. discos Z - Los sitios de unión para los miofilamentos de actina.
18. Troponina - Estructura de calcio se une a durante la contracción muscular.

19. Motor neurona - una neurona que controla las células musculares.
20. Unidad de motor - Una neurona motora y el grupo de las células musculares que inerva.
21. El principio de todo ninguno - Cuando se aplica a los músculos, este principio nos dice esto. Cuando una célula muscular se contrae siempre lo hace con la misma cantidad de fuerza cada vez. Una célula del músculo no puede contraerse un poco o mucho; tampoco hace o no lo hace, sin en el medio. Observe esto se aplica a una célula muscular y no un músculo entero. Un músculo se aplica una fuerza adicional mediante la contratación de más unidades motoras. Al levantar algo ligero, sólo utiliza un par de unidades de motor dentro de un músculo. Al levantar algo pesado se está usando muchas unidades motoras dentro de un músculo.
22. Tetania - Contracción muscular sin relajación.
23. La acetilcolina - Un neurotransmisor que es utilizado por una neurona motora para abrir un ligando cerrada de canales de sodio en el músculo esquelético.
24. La respiración aeróbica - proceso de construcción de ATP requiere oxígeno. Este proceso es el que suministra la mayor parte de la energía a las células, incluyendo el músculo.
25. Rigor mortis - El endurecimiento de los músculos se ven en una persona después de la muerte. La ausencia de ATP y la presencia de calcio causan este refuerzo.
26. Fibras musculares lentas - Miofilamentos que se contraen lentamente. Este tipo de filamento funcionará durante largos períodos de tiempo y son resistente a la fatiga. Estos tienen un suministro de sangre bien desarrollado y se encuentran en las carnes rojas.
27. Fibras musculares rápidas - Miofilamentos que se contraen rápidamente. Este tipo de filamento va a trabajar para períodos cortos de tiempo y se fatiga rápidamente. Estos tienen un suministro de sangre poco desarrollado y se encuentran en las carnes blancas.

28. La respiración anaeróbica - Un proceso de construcción de la energía, que tiene lugar en ausencia de oxígeno. El ácido láctico es un subproducto de residuos de este proceso.

29. Treppe - Un aumento de la fuerza de contracción muscular visto como un músculo se contrae varias veces después de un período de descanso. Este aumento en la resistencia es causada por la presencia de cantidades crecientes de calcio.

30. Atrofia - Una pérdida en el tamaño de las células musculares o musculares.

31. Hipertrofia - Un aumento en el tamaño de un músculo o células musculares.

3 clases de palancas

Nuestros músculos esqueléticos obtienen su nombre, porque están unidos al sistema esquelético. Cuando queremos mover nuestro cuerpo, utilizamos el sistema nervioso para contraer estos músculos y halar los huesos. Nuestros huesos se utilizan como palancas simples, similares a lo que vemos con herramientas.

Con todas las clases de palancas se encuentran tres variables en cada uno: punto de apoyo, de peso y de tracción.

El músculo estará proporcionando con la fuerza, el hueso actuará como la palanca y el punto de apoyo es el punto de pivote (articulación). Verá estas tres variables utilizadas en cada palanca, notar que no estarán en la misma disposición en las tres clases.

1. Clase 1 palanca - Una palanca en el punto de apoyo (punto de pivote) es entre el peso y la fuerza. Piense en un subibaja, cuando se piensa de esta palanca. Niños alternan subiendo y bajando, pero el punto de giro se mantiene en el centro. Usted verá este tipo de palanca en el cuerpo, cuando una persona mira hacia arriba y hacia abajo. La cabeza se mueve hacia adelante y hacia atrás, pero el punto de giro sobre las vértebras cervicales permanece en el centro.

2. Clase 2 palanca - Una palanca donde el peso está entre el fulcro y el halon. Piense en una carretilla, cuando se levante en los mangos,

las extremidades superiores ofrecen el halon. El fulcro (punto de apoyo) es la forma a lo largo de la rueda y el peso que desea movido está en el centro. Usted ve esta palanca utilizada cuando vamos en nuestros pies. El tirón viene de los gemelos y sóleo músculos de la parte posterior de nuestra pierna y gire a lo largo de nuestros dedos de los pies. El peso de nuestro cuerpo está en entre los dos, que descansa sobre nuestra tibia.

3. Clase 3 palanca - Una palanca donde el tirón está en entre el peso y el punto de apoyo. Este es el tipo más común de la palanca en el cuerpo. Cuando se utiliza una pala el peso que desea es movido en la parte ancha de la pala y la mano en el mango es el punto de apoyo. Su otro lado ofrece la atracción entre los dos. Cuando flexionamos nuestros músculo bíceps braquial, el músculo está tirando de entre los otros dos.

Recordar estas 3 clases, un ejemplo de una herramienta que funciona de una manera similar y un lugar en el cuerpo donde se ve la palanca en el trabajo.

anatomía muscular
Usted tendrá que saber la anatomía de un músculo todo el camino hasta el nivel químico. Los seis niveles de una célula muscular de mayor a menor son:
1. Musculo - Este es el músculo entero, que se compone de muchos fascículos musculares (haces de pilas).
2. fascículos - Estos son bultos de células musculares.
3. célula muscular - Su autor probablemente llamará a estas fibras musculares. Eso es un mote común ya que las células son largas y con forma de cilindro.
4. Las miofibrillas - haces de filamentos musculares dentro de una célula muscular.
5. Los sarcómeros - La región de una miofibrilla encontrado entre dos discos z.

6. Miofilamentos - Los dos tipos de miofilamentos son la actina y la miosina. Estas dos proteínas son donde se está produciendo la contracción muscular. Vamos a mirar más de cerca a ellos, cuando se va más de los pasos involucrados en la contracción muscular.

UNIÓN NEUROMUSCULAR
¿Qué sucede en la unión neuromuscular? Conozca estos pasos.
1. Un potencial de acción se lleva a cabo hasta el final de un axón.
2. Este potencial de acción abre los canales de calcio dependientes de voltaje cerca de la terminal del axón.
3. La entrada de calcio hace que las vesículas de acetilcolina se muevan hacia el borde de la sinapsis.
4. La acetilcolina se libera por exocitosis en la sinapsis.
5. La acetilcolina se difunde a través de la sinapsis y se une al ligando cerrada canales de sodio en la célula del músculo esquelético.
6. sodio entra la célula del músculo esquelético.
7. La afluencia de sodio genera un potencial de acción en la membrana plasmática de la célula muscular.
8. La enzima acetilcolinesterasa descompone la acetilcolina y quita los canales de sodio ligando cerrada.
9. La colina es llevado de nuevo hacia el axón y se recicla.

¿Qué sucede después de la unión neuromuscular? Los pasos siguientes a los acontecimientos en la unión neuromuscular son lo que se llama, "La excitación - La contracción" Esta próxima serie de pasos cubre lo que sucede con la célula muscular después de los acontecimientos de la unión neuromuscular.
1. Donde nos dejamos anterior con lo siguiente: Un potencial de acción se ha generado en la membrana plasmática del músculo esquelético.
2. El potencial de acción se llevó profunda dentro de la célula por los túbulos transversales (T-túbulos).
3. A lo largo de los túbulos T es retículo sarcoplásmico (retículo endoplásmico liso). A medida que el potencial de acción viaja a lo

largo del retículo sarcoplásmico, que abrirá voltaje cerrados canales de calcio.

4. Los voltaje cerrados canales de calcio en el retículo sarcoplásmico se abriran.
5. El calcio sale del retículo sarcoplásmico y entra en el ambiente alrededor de la actina y la miosina.
6. El calcio se une a la troponina.
7. Troponina mueve la tropomiosina, exponiendo los sitios activos en los filamentos de actina.
8. Cabezas de miosina se unen a los sitios activos de los miofilamentos de actina. Esto se llama la formación de puentes cruz.
9. La miosina rompe ATP.
10. Miosina se flexiona en la región bisagra, halando los miofilamentos de actina más juntos.
11. ATP reemplaza el ADP en la miosina, haciendo que se libere de la actina.
12. Mientras ATP y el calcio están presentes, el músculo seguirá a contraerse.

El músculo liso

2 tipos se encuentran en el cuerpo humano.

a. Unidad simple - Este tipo de músculo liso trabaja en conjunto de una manera muy coordinada. Las células musculares tienen muchas cruces brecha entre ellos. Las uniones comunicantes permiten una buena comunicación entre las células y las mejores células se comunican mejor que trabajar juntos.

b. Multiunit - Estas células musculares tienen un menor número de cruces brecha, por lo que no se comunican también. Con menos comunicación las células trabajan de manera más independiente.

El músculo cardíaco

Recuerde que el músculo cardíaco sólo se encuentra en el corazón. Este músculo se utiliza para generar la presión para mover la sangre alrededor del cuerpo. Discos intercalares son estructuras de comunicación que sólo se encuentran en el corazón, por lo que no se olvide de estos.

Capítulo 8 - Preguntas

1. ¿Qué músculo tiene una forma de huso?
a. esquelético
b. cardíaco
c. liso

2. ¿Qué músculo tiene un núcleo a la periferia (borde exterior)?
a. esquelético
b. cardíaco
c. liso

3. ¿Cuál es el músculo voluntario?
a. esquelético
b. cardíaco
c. liso

4. ¿Qué músculo no tiene estrías?
a. esquelético
b. cardíaco
c. liso

5. ¿Qué músculo se encuentra en más lugares que los demás?
a. esquelético
b. cardíaco
c. liso

6. ¿Qué musculo hace el 40% del peso de nuestro cuerpo?
a. esquelético
b. cardíaco
c. liso

7. ¿Qué músculo se encuentra sólo en el corazón?

a. esquelético
b. cardíaco
c. liso

8. ¿Cuál es el nombre de una estructura que une el hueso con el músculo?
a. tendón
b. ligamento
c. perimisio
d. sarcómero
e. fijador

9. Un músculo tiene dos extremos de fijación. ¿Cuál es el fin más estacionaria de apego?
a. agonista
b. antagonista
c. origen (cabeza)
d. inserción
e. troponina

10. Un músculo tiene dos extremos de fijación. ¿Cuál es el fin más móvil?
a. agonista
b. antagonista
c. origen (cabeza)
d. inserción
e. troponina

11. El movimiento realizado por un músculo es?
a. agonista
b. antagonista
c. acción
d. inserción
e. aponeurosis

12. Un grupo de músculos que trabajan juntos?
a. sinergistas
b. antagonistas
c. acción
d. fijadores
e. unidades motoras

13. Los músculos utilizados para fortalecer y estabilizar una articulación?
a. sinergistas
b. antagonistas
c. acción
d. fijadores
e. unidades motoras

14. La membrana plasmática de una célula muscular?
a. sarcolema
b. sarcómero
c. Z disco
d. troponina
e. sarcoplasma

15. Las estructuras encargadas de almacenar calcio en el interior de los músculos?
a. sarcoplasma
b. sarcolema
c. retículo sarcoplásmico
d. sarcómero
e. fijadores

16. La región entre dos discos Z?
a. sarcoplasma
b. sarcolema
c. retículo sarcoplásmico
d. sarcómero

e. fijadores

17. ¿Qué se unen calcio al interior de un músculo esquelético durante la contracción muscular?
a. agonista
b. antagonista
c. origen (cabeza)
d. inserción
e. troponina

18. ¿Qué neurotransmisor se libera en la sinapsis entre una neurona y un músculo esquelético?
a. norepinefrina
b. epinefrina
c. acetilcolina
d. serotonina
e. Ninguna de las anteriores

19. Los músculos esqueléticos obtienen la mayor parte de su energía a partir de?
a. la respiración anaeróbica
b respiración aeróbica

20. ¿Qué clase de palanca es la más común?
a. clase 1
b. clase 2
c. clase 3

21. ¿Qué clase de palanca funciona como una sierra de ver?
a. clase 1
b. clase 2
c. clase 3

22. ¿Qué clase de palanca funciona como una carretilla?
a. clase 1

b. clase 2
c. clase 3

23. ¿Qué clase de palanca tiene el halon en el medio?
a. clase 1
b. clase 2
c. clase 3

24. La flexión en el codo es un ejemplo de que la clase de palanca?
a. clase 1
b. clase 2
c. clase 3

25. ¿Qué tipo de músculo liso tiene muchas uniones hueco?
a. sola unidad
b. varias unidades

26. ¿Cuál de los siguientes es causado por el músculo liso?
a. para caminar
b. deglución
c. movimiento en el estómago
d. la presión en el corazón
e. que habla

27. Un aumento en el tamaño del músculo es?
a. vasoconstricción
b. atrofia
c. sinergia
d. treppe
e. hipertrofia

28. El myofilament con el sitio activo situado en él?
a. actina
b. miosina
c. sarcómero

d. sarcoplasma

e. sarcolema

29. Un músculo contiene muchos bultos de células musculares que son llamados?
a. fascículos
b. miofibrillas
c. miofilamentos
d. sarcómeros
e. Ninguna de las anteriores

30. ¿Cual potenciales de acción se ponen en el interior de un músculo esquelético?
a. miofilamentos
b. retículo sarcoplásmico
c. túbulos T
d. troponina
e. discos Z

31. ¿Cuál de las siguientes filamentos se acorta durante la contracción muscular?
a. actina
b. miosina
c. ambos
d. ni

32. Cuando un potencial de acción se envía a través de un músculo que sucede?
a. el músculo muere
b. el músculo se contrae
c. el músculo se relaja

33. La acetilcolina abre que canales iónicos en el músculo esquelético?
a. potasio

b. calcio
c. cloruro
d. sodio
e. magnesio

34. El espacio entre la neurona y el músculo célula es?
a. troponina
b. sinapsis
c. discos Z
d. sarcómeros
e. miofibrilla

35. ¿Qué tipo de canales iónicos no se une a la acetilcolina?
a. nongated
b. ligando cerrada
c. tensión cerrada
d. canales de fuga

36. ¿Qué ion proporciona la mayor parte de la carga positiva en el exterior de una célula?
a. potasio
b. calcio
c. cloruro
d. sodio
e. magnesio

37. Sin acetilcolina un músculo nunca haría?
a. contrato
b. relajarse

38. Sin acetilcolinesterasa un músculo nunca haría?
a. contrato
b. relajarse

39. Cuando la miosina se une a la actina esto se llama?

a. la formación de puentes cruz
b. excitación
c. treppe
d. rigidez cadavérica
e. inhibición

40. ATP es necesaria para?
a. contracción del músculo
b. relajación muscular
c. ningun
d. ambos

41. Un músculo circular será siempre?
a. flexionar una estructura
b. extender una estructura
c. secuestrar a una estructura
d. elevar una estructura
e. cerca de algo

42. ¿Qué músculos girar la cabeza?
a. trapecio
b. pectoral mayor
c. temporal
d. masetero
e. esternocleidomastoideo

43. Los principales músculos pectorales se utilizan al hacer qué?
a. sentadillas
b. permanente
c. flexiones
d. remo
e. abrir los ojos

44. Se utilizan Los músculos dorsal ancho cuándo?
a. sentadillas

b. permanente
c. flexiones
d. remo
e. abrir los ojos

45. músculos que se utilizan para cerrar los ojos?
a. cigomático mayor
b. masetero
c. temporal
d. orbicularis oculi
e. frontalis

46. Los músculos temporales se utilizan para?
a. masticación
b. visión
c. estornudos
d. tos
e. Ninguna de las anteriores

47. ¿Qué músculo se utiliza para flexionar el codo?
a. recto femoral
b. bíceps braquial
c. tríceps braquial
d. recto femoral
e. tibial anterior

48. Los músculos cuádriceps femoral se utilizan para
a. sentadillas
b. permanente
c. flexiones
d. remo
e. abrir los ojos

49. El músculo más largo en el cuerpo es?
a. recto femoral

b. sartorio
c. gastrocnemio
d. pectoral mayor
e. dorsal ancho

50. El doblar las rodillas es el resultado de lo que los músculos?
a. cuadriceps femoral
b. isquiotibiales
c. recto femoral
d. gastrocnemio
e. tibial anterior

51. La estancia de pie se logra mediante el uso de que músculos?
a. cuadriceps femoral
b. isquiotibiales
c. recto femoral
d. gastrocnemio
e. tibial anterior

52. Los músculos de la cara anterior del antebrazo son?
a. flexores
b. extensores
c. fijadores
d. originadores
e. supinadores

53. Los hoyuelos se encuentran en lo que los músculos?
a. buccinators
b. zygomaticus
c. temporal
d. mentalis
e. orbicular de los labios

54. El principal músculo de la ventilación es?
a. intercostales internos

b. diafragma
c. recto femoral
d. oblicuo interno
e. deltoides

55. Las agujas se inyecta comúnmente en qué músculos?
a. trapecio
b. pectoral mayor
c. glúteo medio
d. glúteo mayor
e. redondo menor

CAPÍTULO 8 - Respuestas a las preguntas de opción múltiple.

1. C
2. A
3. A
4. C
5. C
6. A
7. B
8. A
9. C
10. D
11. C
12. A
13. D
14. A
15. C
16. D
17. E
18. C
19. B
20. C
21. A
22. B
23. C
24. C
25. A
26. C
27. E
28. A
29. A
30. C
31. D

32. B
33. D
34. B
35. B
36. D
37. A
38. B
39. A
40. D
41. E
42. E
43. C
44. D
45. D
46. A
47. B
48. B
49. B
50. B
51. D
52. A
53. D
54. B
55. C

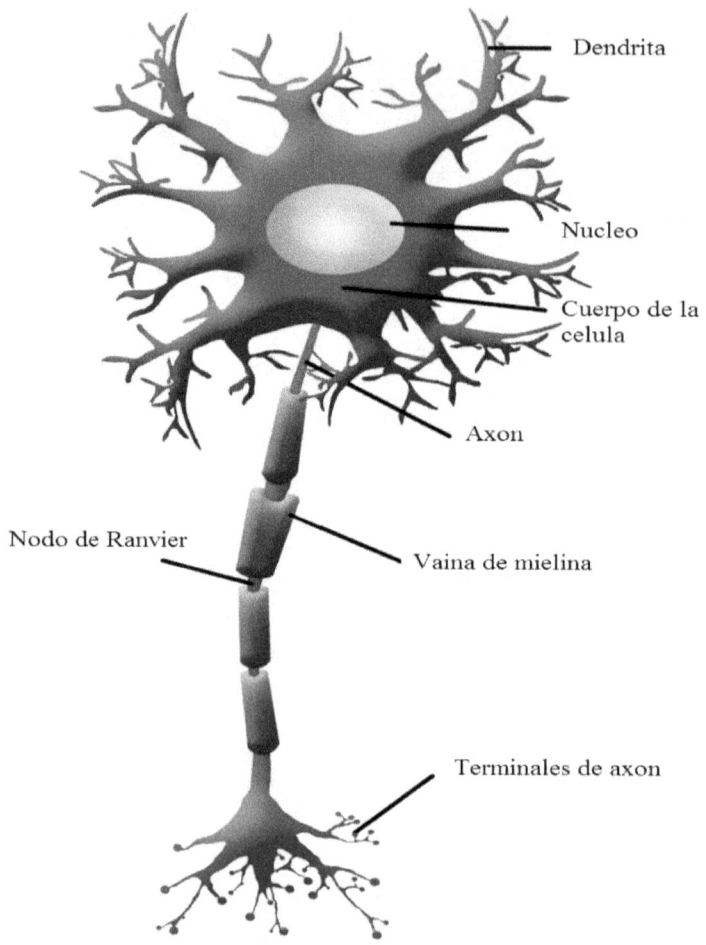

CAPÍTULO 9 - Sistema Nervioso

La primera cosa que hay que saber sobre el sistema nervioso son las diferentes divisiones. Asegúrese de que conoce las divisiones y lo que está en cada uno de ellos.

Divisiones del Sistema Nervioso
SNC - Sistema nervioso central - cerebro y la médula espinal
PNS - Sistema nervioso periférico - nervios, los receptores sensoriales, ganglios
División -Sensorial - todas las señales que entra al sistema nervioso central
- División de Motor - todas las señales de salir del SNC
Señales de salida para el control de los músculos esqueléticos - - Somatic
Señales de salida a todo lo demás - -Autonomic. Controla las funciones involuntarias.
-Simpatico - Lucha o división de vuelo. Prepara para la actividad física.
-División parasimpathetico - el descanso y la división de relajación
-Entèrico - El control local del sistema digestivo

Las neuronas pueden clasificarse de muchas maneras, de una manera se basa en su función. La dirección del potencial de acción y hacia dónde se dirige, es lo que es diferente acerca de estas neuronas.

Clasificación funcional de las neuronas
1. Las neuronas sensoriales (neuronas aferentes) - las señales entrantes. Cualquier neurona que envía un potencial de acción hacia la médula espinal o el cerebro es una neurona sensorial.
2. Las neuronas motoras (eferentes) - señales salientes. Cualquier neurona que envía un potencial de acción lejos de la médula espinal o el cerebro es una neurona sensorial.
3. Las interneuronas - en entre un motor y sensorial.

Otra forma de clasificar las neuronas se basa en la estructura. La única cosa diferente sobre estas neuronas es el número de dendritas. Preste atención especial al número de dendritas en cada uno. Es fácil confundirlos.

Clasificación estructural de las neuronas
1. Neuronas multipolares - muchas dendritas y un axón.
2. Neuronas bipolares - uno de dendritas y un axón. Llamado bipolar, ya que tiene una de las dendritas (uno de los polos) y un axón (otro polo).
3. Neuronas unipolares - no hay dendritas y un axón.

El sistema nervioso está ocupado por dos tipos de células, las neuronas y las células neurogliales (todas las otras células en el sistema nervioso). Las neuronas tienen aproximadamente la mitad del sistema nervioso y las células neurogliales ocupan la otra mitad. Neurogliocitos, también llamadas células gliales, están apoyando a las células del sistema nervioso. Estas células están apoyando a las neuronas. Las células gliales ayudarán a las neuronas a sobrevivir y realizar su trabajo adecuadamente.

Las células neurogliales del Sistema Nervioso Central
1. Los astrocitos - células epiteliales que hacen la barrera hematoencefálica. Permiten el intercambio de nutrientes y desechos. Los astrocitos rodean los capilares en el cerebro. Ya que rodean estos capilares, estas células pueden determinar lo que puede salir de la sangre y entrar en el cerebro. Estas células están para proteger al cerebro de sustancias químicas nocivas y los invasores extranjeros. Esta barrera muy especial está presente para proteger a las neuronas, porque si se pierden las neuronas, no van a ser reemplazados.

2. Las células ependimarias - células epiteliales que recubren los ventrículos del cerebro. Produsen el líquido cefalorraquídeo. Los ventrículos son las cuatro cavidades llenas de líquido en el interior del cerebro. Este líquido proporciona nutrientes a las neuronas y hace un cojín de líquido alrededor del cerebro y la médula espinal. Los cilios en la superficie celular están ahí para mover el fluido a través de los ventrículos.

3. Microglial - células blancas de la sangre del sistema nervioso. Estas células se quitan todo lo que no le pertenece (invasores extranjeros, los productos químicos, las células muertas, etc.)

4. Los oligodendrocitos – La forma vainas de mielina alrededor de los axones. Actuan como aislamiento para potenciales de acción. El aislamiento alrededor del axón es como goma alrededor de un alambre de cobre en un aparato eléctrico. El aislamiento mantiene la electricidad en el alambre y nuestros axones necesita el mismo aislamiento. Otra función de la mielina es acelerar los potenciales de acción.

Las células neurogliales del Sistema Nervioso Periférico
1. Las células de Schwann – la forma vainas de mielina alrededor de los axones. Estas células proporcionan el aislamiento de mielina en el sistema nervioso periférico. La mielina siempre mantiene los potenciales de acción en el axón y acelera el potencial de acción.

2. Las células satélite - rodea los cuerpos de las neuronas para ayudar a proporcionar nutrientes. Las neuronas son las células más activas en el cuerpo, por lo que requieren grandes cantidades de nutrientes para funcionar correctamente.

Potenciales de la Membrana
La comprensión de las cargas eléctricas en las células es importante para cualquier comprensión de cómo funciona una neurona. Asegúrese de entender donde las cargas eléctricas vienen, cómo se producen y para qué se utilizan.
Vamos a estudiar los potenciales de acción respondiendo a las siguientes preguntas.
1. ¿Cuál es el potencial de membrana en reposo?
La carga eléctrica se encuentra en una membrana de la célula cuando la célula está en reposo. Cuando la célula está en reposo el exterior (con cargo extracelular) será positivo y el interior (con cargo intracelular) será negativo.
2. ¿De dónde viene el potencial de membrana en reposo?
Los cargos provienen de partículas cargadas, llamadas iones. La célula pondrá más de los iones positivos (cationes) en el exterior de la célula y se pondrá más de los iones negativos (aniones) en el interior de la célula. El sodio y el calcio se encuentran en altas concentraciones en el exterior de la célula y el sodio proporciona la mayor cantidad de la carga positiva. El potasio se encuentra principalmente en el interior de la célula, a pesar de que tiene una carga positiva. La carga negativa interior proviene principalmente de proteínas e iones fosfato.
3. ¿Que inicia estos cargos?
El potencial de membrana en reposo se establece principalmente por la bomba de intercambio de sodio y potasio. Esta bomba es una proteína que se encuentra en la membrana de plasma y es el mejor ejemplo de transporte activo en el cuerpo. Cada vez que esta bomba consume una molécula de ATP, mueve 3 de sodio fuera de la célula y 2 potasio en esa misma. El sodio es atrapado fuera hasta que algo

(señal química o eléctrica) abre las puertas y deja entrar. Después de que el potasio es jalado en la célula, gran parte de ella se difundirá de nuevo fuera de la célula a través de los canales iónicos sin barreras.

4. ¿Cómo se llama cuando las cargas en la posición cellular de intercambio? En otras palabras, cuando el interior se vuelve positivo, en lugar de la parte exterior.

Esto se llama despolarización cuando los cargos se intercambian. La mayoría de despolarización es el resultado del movimiento de sodio en la célula.

5. ¿Qué sucede cuando los cargos intercambian?

Cuando las cargas intercambiar su posición se genera un potencial de acción.

6. ¿Qué es un potencial de acción?

Un potencial de acción es una señal eléctrica generada por una célula.

7. ¿Cómo se llama cuando las cargas regresan al estado de reposo? En otras palabras, cuando la carga exterior se vuelve positivo de nuevo.

Esto se llama la repolarización de la célula.

8. ¿Para que las células utilizan los potenciales de acción?

Los potenciales de acción se utilizan para la comunicación celular. Las neuronas utilizan señales eléctricas y químicas para comunicarse con las células de nuestro cuerpo. Una de las ventajas de una señal eléctrica es que viaja muy rápido. Así que se pueden utilizar cuando se necesita una rápida comunicación.

Los potenciales de acción se describen a menudo como se propaga. Esto significa que se mueven. Cuando un potencial de acción se genera por un axón, un potencial de acción no se mueve hasta el fondo de un axón. Genera una señal eléctrica, que generará otro potencial de acción al lado de él. Este segundo potencial de acción generará tercera y mas. Tantas diferentes potenciales de acción viajan por un axón o en una membrana celular, no uno. Esto es lo que se entiende por la propagación del el potencial de accion, la generación de un potencial de acción tras otra.

Conducción relativa a la danza es el salto de los potenciales de acción entre las vainas de mielina. Si la mielina no tiene espacios entre ellos (nodos), entonces los potenciales de acción viajarían mucho más lento. Piense en cómo una tolva de hierba puede moverse. Puede caminar (se mueve lentamente) o puede saltar (movimientos rápidos). El salto de las señales eléctricas de una brecha (nodo) a la siguiente, ellos se acelera. A medida que envejecemos y perdemos la mielina, los potenciales de acción ya no pueden saltar, por lo que se reduce la velocidad.

PREGUNTAS
1. ¿Qué son las células neurogliales?

2. ¿Cuáles son las neuronas?

3. ¿Cuál es la mielina?

Celulas del sistema nervioso

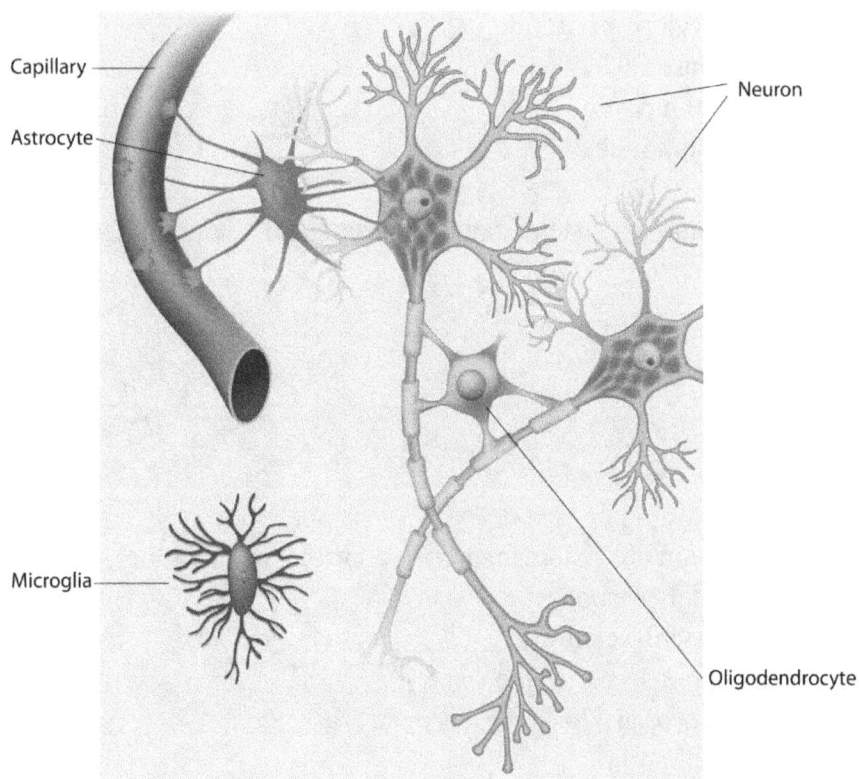

Capítulo 9 - Preguntas

1. ¿Qué división del sistema nervioso contiene el cerebro?
a. sistema nervioso central
b. sistema nervioso periférico
c. división sensorial
d. división del motor
e. división autonómica

2. ¿Qué división del sistema nervioso contiene la médula espinal?
a. sistema nervioso central
b. sistema nervioso periférico
c. división sensorial
d. división del motor
e. división autonómica

3. ¿Qué división del sistema nervioso prepara el cuerpo para la actividad física?
a. simpático
b. somático
c. entérico
d. sensorio
e. motor

4. ¿Qué división del sistema nervioso controla las funciones automáticas del cuerpo?
a. sistema nervioso central
b. sistema nervioso periférico
c. división sensorial
d. división del motor
e. división autonómica

5. Una neurona con una dendrita sería una?

a. neurona multipolar
b. neurona bipolar
c. neurona unipolar

6. Una neurona con muchas dendritas sería una?
a. neurona multipolar
b. neurona bipolar
c. neurona unipolar

7. Una neurona sin dendritas sería una?
a. neurona multipolar
b. neurona bipolar
c. neurona unipolar

8. Una neurona sensorial también se llama un (a)
a. neurona aferente
b. neurona eferente
c. neurona bipolar
d. interneuron
e. Ninguna de las anteriores

9. Cuando una neurona conduce su señal eléctrica hacia el sistema nervioso central sería un?
a. motoneurona
b. interneuron
c. neurona sensorial

10. Una neurona llevando a cabo su señal eléctrica lejos del sistema nervioso central sería un?
a. motoneurona
b. interneuron
c. neurona sensorial

11. ¿Cuál de las siguientes células no se encuentra en el sistema nervioso central?

a. astrocito
b. ependimaria
c. microglial
d. oligodendrocitos
e. schwann

12. ¿Cuál célula forma la barrera hematoencefálica?
a. astrocito
b. ependimaria
c. microglial
d. oligodendrocitos
e. schwann

13. ¿Cuál célula produce líquido cefalorraquídeo?
a. astrocito
b. ependimaria
c. microglial
d. oligodendrocitos
e. schwann

14. ¿Cuál cèlula eliminará y destraira sustancias extrañas en el sistema nervioso?
a. astrocito
b. ependimaria
c. microglial
d. oligodendrocitos
e. schwann

15. ¿Cuál de las siguientes células produce mielina en el sistema nervioso central?
a. astrocito
b. ependimaria
c. microglial
d. oligodendrocitos
e. schwann

16. ¿Cuál celula proporcionará nutrientes a las neuronas?
a. satélite
b. ependimaria
c. microglial
d. oligodendrocitos
e. schwann

17. ¿Qué es un potencial de acción?
a. señal química
b. señal eléctrica
c. señal de temperatura
d. señal mecánica
e. señal desconocida

18. ¿Cuál de iones es principalmente responsable por la potencial de membrana en reposo?
a. calcio
b. potasio
c. sodio
d. cloruro
e. magnesio

19. Cuando la membrana celular es positivo en el exterior y negativo en el interior, esto se llama?
a. despolarizado
b. potencial de membrana en reposo
c. cargado negativamente
d. cargado positivamente

20. Cuando la membrana celular se vuelve positivo en el interior, esto se llama?
a. despolarizado
b. potencial de membrana en reposo
c. cargado negativamente

d. cargado positivamente

21. Una neurona enviará una señal a otra célula a través de qué estructura?
a. dendrita
b. axón
c. cuerpo de la célula
d. de células de Schwann
e. células satélite

22. Una neurona recibe señales a través de qué estructuras?
a. dendrita
b. axón
c. cuerpo de la célula
d. de células de Schwann
e. células satélite

23. Una neurona encontrado entre una neurona sensorial y motor es?
a. motoneurona
b. interneuron
c. neurona sensorial

24. Un movimiento rápido de sodio desde el exterior de la célula al interior causaría?
a. despolarización
b. repolarización
c. hiperpolarización
d. hypopolarization

25. Cuando la carga en una membrana celular se hace más grande en la diferencia de lo que era antes, esto se llama?
a. despolarización
b. repolarización
c. hiperpolarización
d. hypopolarization

26. Cuando la carga en una membrana celular se vuelve menos en diferencia de lo que era antes, esto se llama?
a. despolarización
b. repolarización
c. hiperpolarización
d. hypopolarization

27. El espacio entre dos neuronas se llama?
a. ligando
b. terminal
c. sinapsis
d. vesícula
e. Ninguna de las anteriores

28. Un nervio es una colección de muchos?
a. células de Schwann
b. cuerpos celulares
c. dendritas
d. axones
e. astrocitos

CAPÍTULO 9 - Respuestas a las preguntas de opción múltiple.

1. A
2. A
3. A
4. E
5. B
6. A
7. C
8. A
9. C
10. A
11. E
12. A
13. B
14. C
15. D
16. A
17. B
18. C
19. B
20. A
21. B
22. A
23. B
24. A
25. C
26. D
27. C
28. D

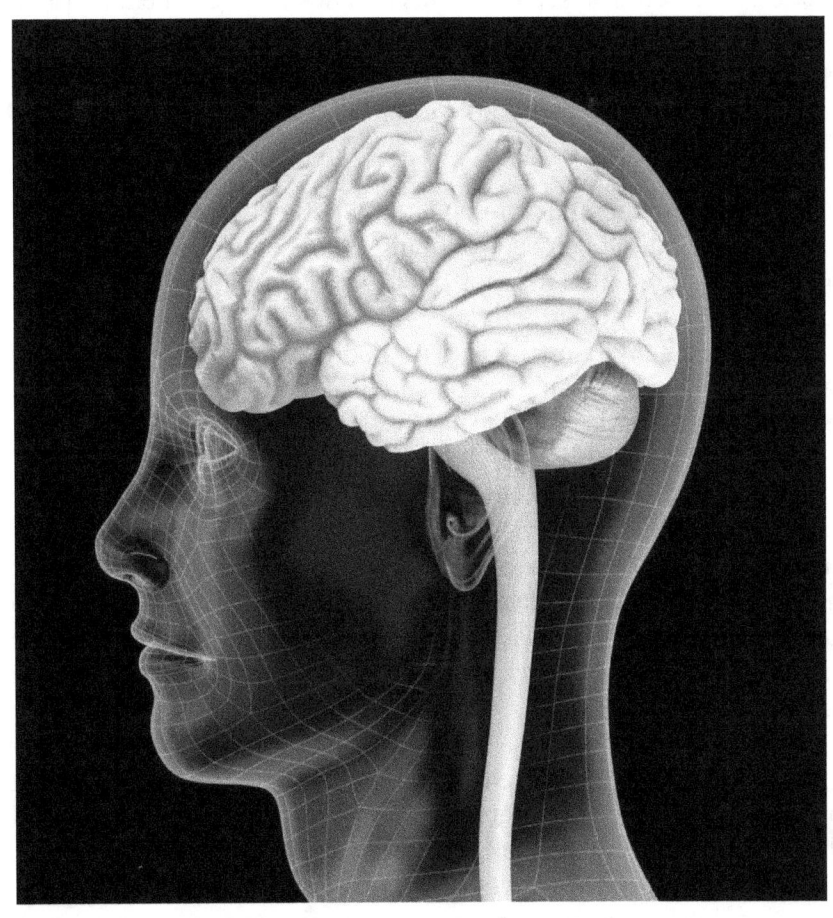

CAPÍTULO 10 – Cerebro

El cerebro tiene 4 regiones importantes, asegúrese de que estè familiarizado con ellos.

Cerebro, cerebelo, tronco encefálico, diencéfalo

1. Cerebro – la mayor parte del cerebro. Aquí es donde tenemos nuestra conciencia, la memoria y las emociones. El cerebro forma la

mayor parte del cerebro y cubre el cerebro en todo pero la superficie inferior. El cerebro se separa en dos mitades llamadas hemisferios. Estos dos hemisferios están separados por una fisura profunda llamada la fisura longitudinal. Esta profunda fisura que separa a los dos hemisferios hasta el cuerpo calloso, donde los axones cruzan de un lado del cerebro a la otra.

Así que hay un hemisferio izquierdo y derecho. Cada uno de los hemisferios se divide en cuatro lóbulos (a veces cinco). Estos lóbulos se nombran los mismos que los huesos planos del cráneo, que son directamente superficial a ellos. Los lóbulos son frontal, parietal, occipital y temporal. La separación de los lóbulos frontal y parietal es una depresión llamada surco central. Esta ranura puede ser visto lateralmente en ambos lados del cerebro.

La superficie del cerebro es muy ondulado y esto es lo que le da un aspecto extraño. La superficie ondulada aumenta el área de superficie, dando más espacio a más neuronas y axones. Cualquier ranura en la superficie del cerebro se denomina surcos. Piense en los surcos como áreas aspiradas. Cualquier elevación en el cerebro se denomina circunvoluciones. Piense en esto como las áreas elevadas entre los surcos.

Dentro del cerebro dos áreas se pueden ver con nada más que con los ojos. Este material es materia blanca y la materia gris. La materia blanca es la región donde se encuentran la mielina y los axones. La materia gris es la región donde se encuentran las dendritas y los cuerpos celulares de las neuronas. Estas regiones pueden verse en la médula espinal también, pero la materia gris de la médula espinal es profundo, donde la materia gris del cerebro es superficial.

Las principales funciones de los lóbulos cerebrales son:
Frontal - la función motora voluntaria
Parietal - la percepción sensorial
Occipital - visión
Temporal – la audición

2. Cerebelo - la pequeña parte del cerebro encuentra profundo hacia el hueso occipital. La función principal del cerebelo está aprendiendo movimientos complejos de los músculos esqueléticos.

Las regiones principales del cerebelo incluyen dos grandes hemisferios laterales, dos pequeños lóbulos floculonodular y vermis en el centro. En la superficie exterior del cerebelo muchos cantos llamados folia se puede ver. Parecen pilas gruesas de papel. En el interior del cerebelo es una zona milineada llamado el Arbor vitae. Esta zona se parece a un árbol en el interior.

3. Diencèfalo - profundo del jardín central del cerebro. Si el cerebro se corta por la mitad, una vista midsaggital mostrará la región diencéfalo profundo en el centro. Esta región de profundidad, justo por debajo del cuerpo calloso, tiene cuatro regiones a la misma. Cada una de estas regiones tiene el nombre tálamo en su nombre.
 a. El tálamo es donde pasan la mayoría de todas las sensaciones. Esta región recibe sensaciones antes de que pasen en el cerebro. El olfato es la única sensación que no pasa a través del tálamo.
 b. El hipotálamo es una zona con muchas funciones importantes, necesarios para la vida. Algunas de estas funciones son el centro de la saciedad (centro del hambre), centro de la sed, regulación de la temperatura, muchas de las funciones endocrinas y mucho más. El hipotálamo es la parte del cerebro que regula la glándula pituitaria. Esta glándula produce más hormonas importantes que cualquier otra parte del cuerpo.
 c. subtalámico - se encuentra debajo del tálamo.
 d. epitálamo - región posterior del diencéfalo. La glándula pineal esta en esta área. La glándula pineal regulera el sueño / vigilia ciclos anuales y controla la aparición de la pubertad.

4. Tallo Cerebral - la parte inferior que conecta el cerebro con la médula espinal. El tronco cerebral termina alrededor del agujero occipital, que es donde comienza la médula espinal. El tronco cerebral tiene 3 secciones y se enumeran de superior a inferior.
 Mesencéfalo - parte superior. Los colículo superiores nos dan reflejos visuales. Cuando usted está conduciendo por la carretera y una roca golpea el escudo contra el viento, se mueve rápidamente su cabeza. Las neuronas de esta región están conectados a su visión y si surge algo en sus ojos rápidamente, el superior colículo contraen los músculos de su cuello. Este movimiento va a proteger su cara.

Los colículo inferior nos dan reflejos auditivos de una manera similar. Si algo fuerte que sobresalta, se tiende a saltar lejos del ruido.
Pons - sección central. Ayuda a regular la ventilación.
Bulbo raquídeo - sección inferior, contiene núcleos vitales para la supervivencia. Esta parte del tronco cerebral contiene neuronas que regulan las funciones vitales, como las funciones cardíacas y respiratorias. El daño a la médula oblonga generalmente significa la muerte. Las pirámides y aceitunas trabajan juntos para coordinar la actividad muscular para mantener el equilibrio.

El cerebro tiene 3 Meninges - tejidos conectivos que rodean el cerebro y la médula espinal. Asegúrese de saber estos tejidos con el fin de superficial a profundo.
 a. Duramadre (duramadre meníngea) – la capa más gruesa y más superficial. Se encuentra profundo en los huesos que rodean el cerebro.
 b. Aracnoides - medio de las capas, las fibras de este tejido conectivo se parece una tela de araña es así que es donde recibió su nombre.
 c. Piamadre - la capa más profunda, ligada fuertemente a la superficie del cerebro.

Ventrículos
 Los ventrículos son cuatro cavidades llenas de líquido ubicadas profundamente dentro del cerebro. Las células ependimarias cubren el interior de estas cámaras y producen este líquido. El líquido cefalorraquídeo se produce en el plexo coroideo. Aquí el fluido y nutrientes se eliminan y los cilios mueven el fluido a través de las cámaras. La mayor parte del líquido se produce en los dos ventrículos laterales grandes. Desde aquí, el fluido se desplaza a través de la foramen interventricular al tercer ventrículo. Desde aquí, el fluido se desplaza por el acueducto cerebral al cuarto ventrículo en la base del cerebelo.

Los nervios craneales

12 pares de nervios craneales se pueden ver en la superficie inferior del cerebro. Asegúrese de que conoce las funciones de estos nervios.

Nervios craneales y funciones

1. Olfativa - sentido del olfato.
2. Óptica - visión
3. Oculomotor - Mueve cuatro de los seis músculos que mueven los ojos. También abre los ojos, controla el tamaño de nuestros alumnos y la lente. Músculos específicos que controla son:

Cuatro músculos que mueven los ojos - recto inferior, recto medial, recto superior, músculo oblicuo inferior. El elevador del párpado superior que nos abre los ojos. El músculo liso de la pupila que regula la cantidad de luz entra en nuestros ojos. El músculo ciliar de la lente para enfocar objetos cercanos y lejanos.

4. Troclear - Controla uno de los seis músculos que mueven los ojos. El músculo es el oblicuo superior.
5. Trigémino - sensorial de la cara y la frente. Controla los músculos implicados en la masticación (masticación). Los músculos de la masticación son los masetero, temporal, pterigoideos laterales y mediales pterigoideos.
6. Abducent - Controla el último músculo del ojo recto lateral.
7. Faciales - Controles de la mayoría de los músculos faciales. Algunos sabor de la lengua, dos pares de glándulas salivales y las glándulas lagrimales (glándulas desgarro).
8. Vestibulococlear - audición y el equilibrio.
9. Glosofaríngeo – algunos sabores, un par de glándulas salivales y músculos de la garganta (tragar).
10. Vago - conexiones nerviosas con casi todo en las cavidades torácica y abdominal.
11. Accesorio - controla los músculos trapecio y esternocleidomastoideo.
12. Hipogloso - controles de lengua y músculos de la garganta.

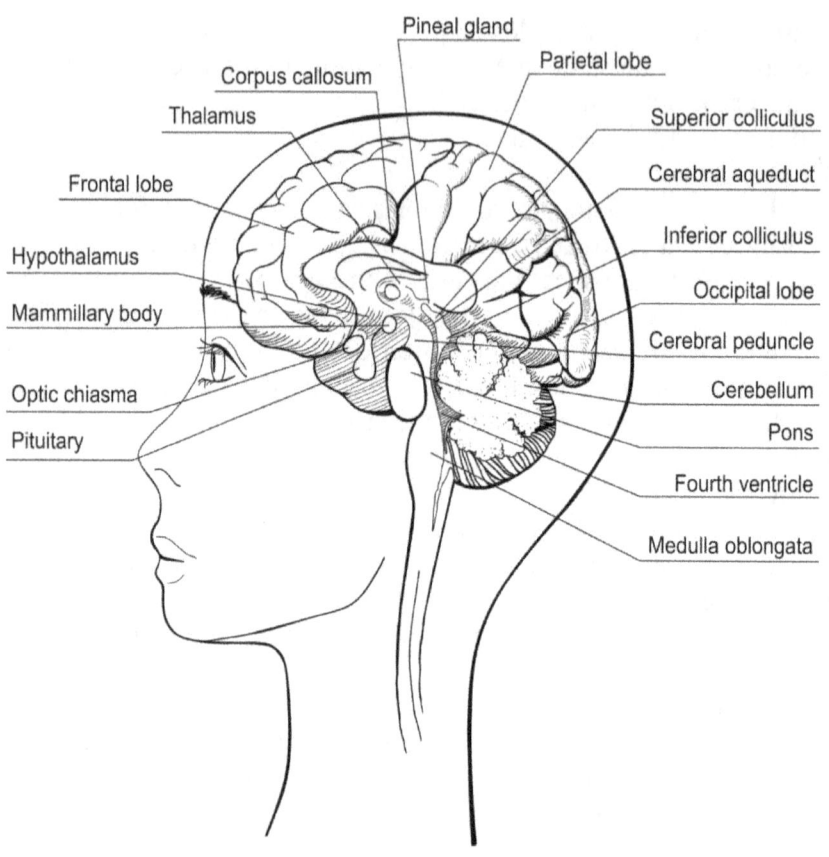

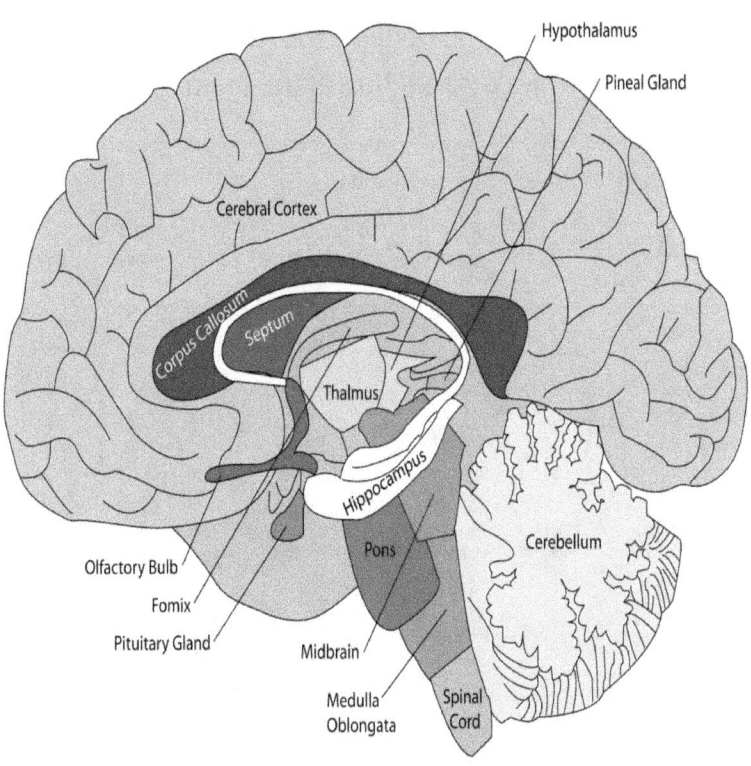

Median section of the brain

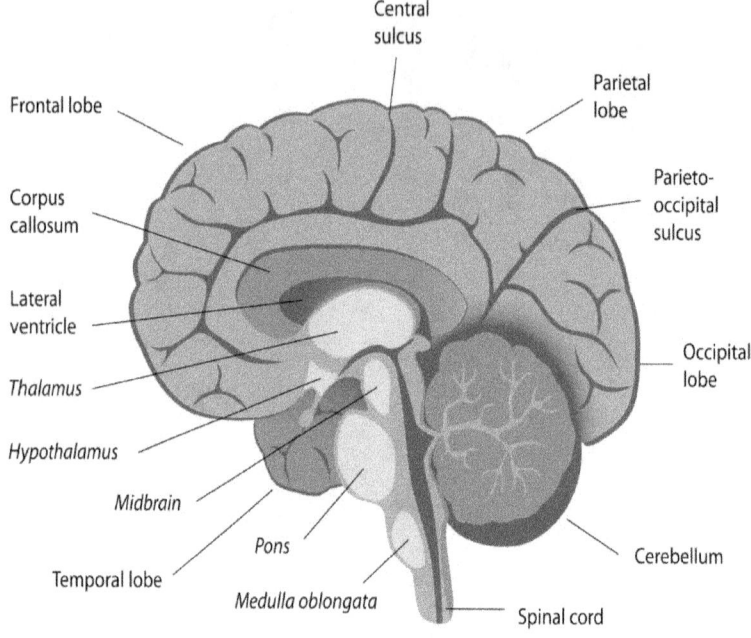

Capítulo 10 - Preguntas

1. ¿Cuál de los siguientes no es una de las principales regiones del cerebro?
a. cerebro
b. cerebelo
c. tronco cerebral
d. diencéfalo
e. ventrículos

2. La mayor parte del cerebro está compuesto en cual región?
a. cerebro
b. cerebelo
c. tronco cerebral
d. diencéfalo
e. ventrículos

3. ¿Cuál es el nombre de la depresión que separa los hemisferios del cerebro?
a. surco central
b. fisura longitudinal
c. depresión central
d. surco lateral
e. Ninguna de las anteriores

4. ¿Qué lóbulo del cerebro es responsable de la función motora voluntaria?
a. frontal
b. parietal
c. occipital
d. temporal

5. ¿Cuál lóbulo del cerebro es responsable de la percepción sensorial?
a. frontal
b. parietal
c. occipital
d. temporal

6. ¿Cuál lóbulo del cerebro es responsable de interpretar la visión?
a. frontal
b. parietal
c. occipital
d. temporal

7. ¿Cuál lóbulo del cerebro es responsable de interpretar audicion?
a. frontal
b. parietal
c. occipital
d. temporal

8. En la parte inferior de la fisura longitudinal hay una conexión entre las mitades izquierda y derecha del cerebro. ¿Que conexión es esta?
a. mesencéfalo
b. tálamo
c. cuerpo calloso
d. duramadre
e. circunvoluciones

9. La parte del cerebro profundo para el hueso occipital es?
a. cerebro
b. cerebelo
c. tronco cerebral
d. diencéfalo
e. ventrículos

10. La parte del cerebro responsable de la actividad del músculo esquelético coordinado es?
a. cerebro
b. cerebelo
c. tronco cerebral
d. diencéfalo
e. ventrículos

11. En el interior del cerebelo es una zona milineada que se parece a un árbol. Este es el?
a. cuerpo calloso
b. ventrículos
c. folia
d. cenador vitae
e. materia gris

12. La mayor parte del diencéfalo se compone en?
a. tálamo
b. hipotálamo
c. epitálamo
d. subtálamo

13. La única sensación que no pasa a través del tálamo es?
a. sabor
b. tocar
c. olor
d. dolor
e. audición

14. La parte más superior del tronco cerebral es?
a. puente de Varolio
b. mesencéfalo
c. bulbo raquídeo
d. tálamo
e. piamadre

15. De las tres meninges, cual es la más superficial?
a. duramadre
b. aracnoides
c. piamadre
d. tálamo
e. puente de Varolio

16. De las tres meninges, ¿cual está vinculado estrechamente a la superficie del cerebro?
a. duramadre
b. aracnoides
c. piamadre
d. tálamo
e. puente de Varolio

17. Las cavidades llenas de líquido que sostienen el líquido cefalorraquídeo son?
a. cuerpo calloso
b. ventrículos
c. folia
d. cenador vitae
e. materia gris

18. ¿Que es lo que la glándula pineal regula?
a. ritmo cardíaco
b. ventilación
c. producción de líquido cefalorraquídeo
d. ciclos de sueño / vigilia
e. Ninguna de las anteriores

19. Reflejos visuales y auditivos se encuentran dentro de que parte del cerebro?
a. cerebro
b. bulbo raquídeo

c. mesencéfalo
d. cuerpo calloso
e. diencéfalo

20. ¿Cuál de los nervios craneales no controla un músculo del ojo?
a. óptico
b. oculomotor
c. troclear
d. abductor

21. ¿Qué nervio craneal está involucrado con nuestro sentido del olfato?
a. olfativo
b. troclear
c. facial
d. vago
e. hipogloso

22. ¿Cuál de los nervios craneales es sensorial de la cara?
a. óptico
b. oculomotor
c. trigémino
d. facial
e. accesorio

23. El músculo trapecio es controlado a través de que nerrio?
a. óptico
b. oculomotor
c. trigémino
d. facial
e. accesorio

24. El músculo esternocleidomastoideo es controlado a través de que nervio?
a. óptico

b. oculomotor
c. trigémino
d. facial
e. accesorio

25. La mayoría de los músculos faciales son controlados a través de que nervio?
a. óptico
b. oculomotor
c. trigémino
d. facial
e. accesorio

26. Nuestro sentido del oído se lleva a cabo a través de que nervio?
a. vestíbulococlear
b. glosofaríngeo
c. vago
d. abductor
e. trigémino

27. Nuestro sentido de equilibrio (equilibrio) se lleva a cabo a través de que nervio?
a. vestíbulococlear
b. glosofaríngeo
c. vago
d. abductor
e. trigémino

28. Si un individuo no puede abrir sus ojos, usted sospecha daño a que nervio?
a. óptico
b. oculomotor
c. trigémino
d. facial
e. accesorio

29. Si una persona de repente perdió su capacidad de enfocar los objetos, usted sospecharía daño a que que nervio?
a. óptico
b. oculomotor
c. trigémino
d. facial
e. accesorio

30. Si una persona de repente pierde la visión, debido al daño del nervio craneal, que daño de nervio sospecharía?
a. óptico
b. oculomotor
c. trigémino
d. facial
e. accesorio

31. ¿Qué parte del tronco cerebral se conecta a la médula espinal?
a. mesencéfalo
b. puente de Varolio
c. bulbo raquídeo
d. cuerpo calloso
e. cerebro

32. Una persona que ha perdido el control de la temperatura dentro del cuerpo probablemente ha dañado el?
a. mesencéfalo
b. puente de Varolio
c. bulbo raquídeo
d. hipotálamo
e. epitálamo

33. Pastillas de trabajo para suprimir el apetito probablemente funciona en qué parte del cerebro?
a. mesencéfalo

b. puente de Varolio
c. bulbo raquídeo
d. hipotálamo
e. epitálamo

34. ¿Qué parte del cerebro regula la glándula pituitaria?
a. mesencéfalo
b. puente de Varolio
c. bulbo raquídeo
d. hipotálamo
e. epitálamo

35. La materia blanca del cerebro se compone de?
a. cuerpos celulares de las neuronas
b. dendritas
c. axones y mielina
d. astrocitos
e. células ependimarias

36. La materia gris del cerebro se compone de?
a. cuerpos celulares de las neuronas y dendritas
b. nervios craneales
c. axones y mielina
d. astrocitos
e. células ependimarias

37. Si alguien tiene un dolor de muelas, que nervio craneal es responsable de conducir la sensación de regreso al cerebro?
a. óptico
b. oculomotor
c. trigémino
d. facial
e. accesorio

38. Si una persona pierde su visión, debido al daño cerebral, cual lóbulo del cerebro fue dañado?
a. frontal
b. parietal
c. occipital
d. temporal

39. Si una persona ya no puede girar su cabeza, cual nervio craneales pueden haber sido dañados?
a. óptico
b. oculomotor
c. trigémino
d. facial
e. accesorio

CAPÍTULO 10 - Respuestas a las preguntas de opción múltiple.

1. E
2. A
3. B
4. A
5. B
6. C
7. D
8. C
9. B
10. B
11. D
12. A
13. C
14. B
15. A
16. C
17. B
18. D
19. C
20. A
21. A
22. C
23. E
24. E
25. D
26. A
27. A
28. B
29. B
30. A
31. C

32. D
33. D
34. D
35. C
36. A
37. C
38. C
39. E

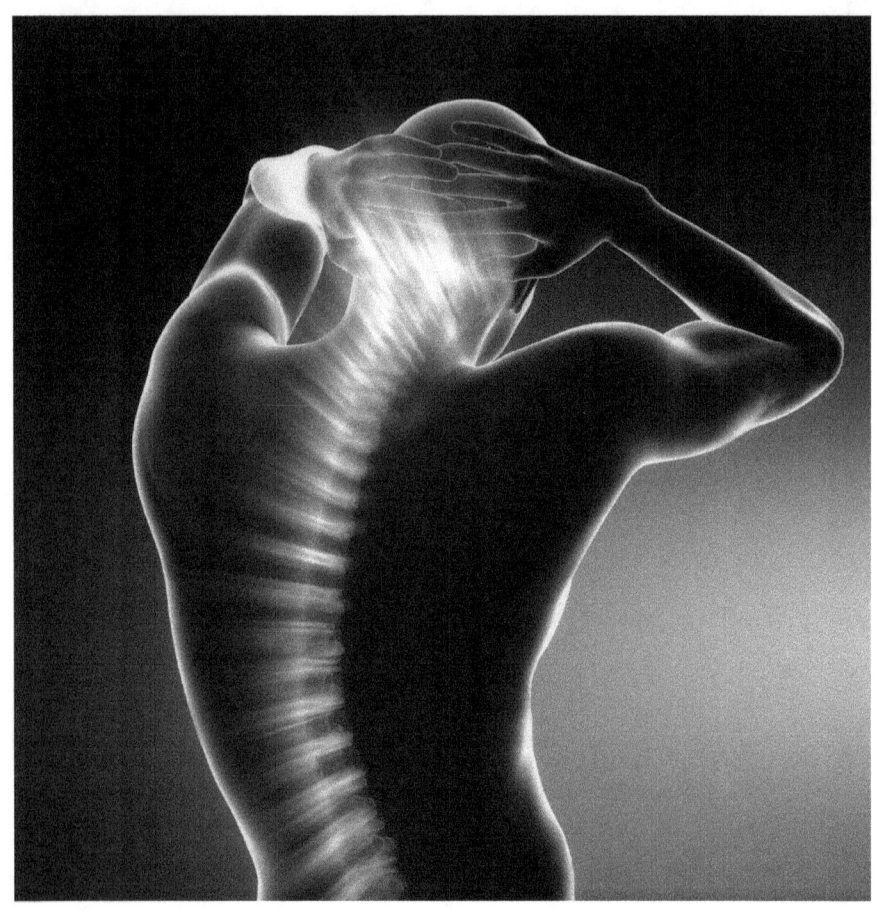

CAPÍTULO 11 - Médula Espinal

La médula espinal es nuestra conexión entre el cerebro y el resto del cuerpo. La médula espinal comienza inferior al bulbo raquídeo, que es la porción inferior del tronco del encéfalo. La médula espinal se extenderá en una dirección inferior a través del agujero de las vértebras. Estas vértebras duras protegen la médula espinal de una lesión. La médula espinal termina alrededor de la segunda vértebra lumbar. La parte inferior de la médula espinal se llama el cono medular. A pesar de que la médula espinal termina en L2 los nervios se siguen extiendo fuera de la espina. Muchos nervios se extienden en una dirección inferior fuera del cono medular y estos nervios denominan colectivamente la cauda equina. Cauda significa la cola en América equinas significa caballo. Alguien pensó que los nervios se ven como una cola de caballo.

Mientras tanto la médula espinal se extiende en una dirección inferior, se vuelve gradualmente más pequeña en diámetro. Mira el agujero de las vértebras y se verá que en la región cervical el agujero es grande y el agujero de las vértebras lumbares es pequeño. También hay dos regiones gruesas de la médula espinal. El más superior de las dos es la ampliación cervical. Este punto grueso es una región donde muchos axones están entrando y saliendo de las extremidades superiores. La ampliación inferior es la ampliación lumbar, donde los axones de las extremidades inferiores están llegando y saliendo.

A lo largo de la médula espinal hay 62 nervios espinales , 31 en cada lado de la médula espinal. Los primeros nervios espinales salen del foramen magnum en el hueso occipital, muchos otros de salen a través del agujero intervertebral entre las vértebras y algunos a través del foramen sacro. En la región cervical hay 8 nervios espinales, en la región torácica 12, la región lumbare 5, región sacra 5 y 1 en el coccígea.

Al mirar una sección transversal de la médula espinal, se puede ver fácilmente dos regiones, la sustancia blanca y sustancia gris. La materia blanca es siempre axones y vainas cubiertas de mielina. La materia blanca es superficial en la médula espinal, que es lo contrario de lo que se ve en el cerebro. La materia gris son siempre las zonas nonmylineated de dendritas y cuerpos celulares de las neuronas (Somas). La médula espinal tiene una profunda depresión en la parte delantera llamado la fisura mediana anterior. Al encontrar esta profunda depresión, siempre sabra que es la cara anterior y posterior de la médula espinal.

Gran parte del área de la médula espinal es materia blanca. Gran parte de la médula espinal se compone de los axones, la gestión de los potenciales de acción hacia arriba (sensoriales) y hacia abajo (de motor) de la médula espinal. La materia blanca se separa en tres columnas, mientras la materia gris se separa en tres cuernos. Las columnas y cuerno se nombran por su posición; anterior, posterior y lateral.

Cuando un nervio espinal se aproxima a la médula espinal, se dividirá en dorsal y en la raíz ventral. La raíz dorsal contendrá un ganglio (una colección de cuerpos celulares de las neuronas fuera del sistema nervioso central). Este ganglio contendrá los cuerpos celulares de las neuronas sensoriales.

La médula espinal está rodeada por los mismos tres meninges visto alrededor del cerebro. La duramadre es siempre la capa más gruesa superficial. La aracnoides es la meninge en el medio y la piamadre es la capa más profunda, atado fuertemente a la médula espinal.

Nuestros reflejos se encuentran dentro de nuestra médula espinal. Un reflejo es una respuesta automática a un estímulo externo. Tenemos reflejos que nos impida ser daña de alguna manera. La mayoría de los reflejos tienen cinco componentes para ellos: 1. Receptor sensorial 2. Neurona sensorial 3. Interneuron 4. Neurona motora 5. Organo efector. El receptor sensorial detectará un estímulo, tal como el dolor. La neurona sensorial llevará a cabo la potencial de acción sensorial del receptor de vuelta al sistema nervioso central. El interneuron está situado entre la neurona sensorial y motor y decidirá qué hacer con el estímulo. La neurona motora realizará un potencial de acción fuera lejos del sistema nervioso central en el órgano efector. El órgano efector dará una respuesta al estímulo.

Al pensar en un acto de reflejo, la mayoría de la gente piensa en el reflejo de retirada. Esta es la respuesta automática, que se retira una parte del cuerpo de un estímulo doloroso. En cada reflejo existe un receptor sensorial diferente. Asegúrese de saber qué receptor sensorial va con cada arco de reflejo. El reflejo de retirada tiene un receptor de dolor en su comienzo. El receptor de dolor será estimulado por el daño al cuerpo. Cuando el receptor de dolor genera potencial de acción, el receptor sensorial llevará a cabo este potencial de acción de nuevo a la médula espinal. Cuando el receptor sensorial llega a la médula espinal, se sinapsis con la interneuron situado dentro del cuerno lateral de la materia gris. Las interneuronas pueden ser de dos tipos: excitadoras o inhibidoras. Neuronas excitadoras hará la contracción del músculo, mientras la inhibidora hará la relajación muscular. Con el reflejo retirado de la interneuron es del tipo excitatorio. Se enviará una potencial de acción fuera de la neurona motora, a los músculos hacen que el músculo se contraiga. Esto retirará una parte del cuerpo de un estímulo doloroso. Por ejemplo, si toca una estufa caliente, el bíceps braquial se contraerá y esto hara que quite el dedo del daño.

Otro reflejo consiste en la protección de nuestros tendones, llamado el reflejo del tendón de Golgi. El receptor sensorial se encuentra dentro de nuestros tendones y detecta intenso estiramiento. Si un músculo está aplicando más tensión a un tendón de la que puede tomar, el tendón de Golgi enviará un potencial de acción de la neurona sensorial y esto sinapsis con la interneuronas. El interneuron será del tipo inhibitorio, porque es necesario para inhibir el músculo (detenerlo) para evitar daños en el tendón. Así, el interneuron inhibitoria enviará un potencial de acción por la neurona motora a la contracción muscular y la parada.

Tenemos otro reflejo dentro de nuestra médula espinal, lo que nos da nuestra postura. Esto se conoce como el reflejo de estiramiento. El receptor sensorial es el huso muscular. Un huso muscular es un receptor sensorial qui detecta pequeñas cantidades de estiramiento y encontramos estas dentro de los músculos posturales. Si el huso muscular detectará pequeñas cantidades de estiramiento en los músculos posturales, enviará un potencial de acción de un receptor sensorial y sinapsis con una neurona motora, que mantendrá la tensión en el músculo. Observe que no hay ninguna interneuron dentro de este reflejo.

Usted probablemente ha visto este reflejo probado. Si una persona se sienta en una mesa y se cuelga de sus miembros inferiores sobre él, este reflejo puede ser probado. Un médico puede tomar un pequeño martillo y toque en el tendón rotuliano. Esto estira los músculos cuádriceps femoral en una cantidad muy pequeña. Esta pequeña cantidad de estiramiento es detectado por el huso muscular y hará que los músculos cuádriceps se contraigan. Esto es lo que hace que la acción de patada de los miembros inferiores en este momento.

Estos son sólo algunos de los nervios más discutidos y las principales funciones.

Nervios espinales importantes

1. Nervio frénico - inerva el músculo del diafragma, que es necesario para la ventilación.
2. Los nervios torácicos - inervan los músculos pectoral mayor y menor, serrato anterior, recto abdominal, oblicuos externos
3. Nervio axilar - deltoides inervan y redondo menor
4. El nervio musculocutáneo - bíceps braquial, braquial inervan
5. Nervio cubital - flexores de la mano. También conocido como el hueso de la risa.
6. Nervio mediano - flexores de la mano. Asociado con el síndrome del túnel carpiano.
7. Nervio radial - tríceps braquial, supinador largo y extensores de la mano. Asociado con parálisis muleta.
8. Nervio femoral - cuadriceps femoral, sartorio, pectíneo
9. Nervio obturador - aductores del muslo
10. Nervio tibial - gemelos y sóleo
11. Nervio glúteo - músculos de los glúteos

Capítulo 11 - Preguntas

1. La punta inferior de la médula espinal es el?
a. ampliación lumbar
b. cono medular
c. cauda equina
d. foramen magnum
e. ampliación cervical

2. Los nervios que se extendiende la punta inferior de la médula espinal es el?
a. ampliación lumbar
b. cono medular
c. cauda equina
d. foramen magnum
e. ampliación cervical

3. Cuando los axones de las extremidades superiores entran y salen de la médula espinal, se forma una región llamada?
a. ampliación lumbar
b. cono medular
c. cauda equina
d. foramen magnum
e. ampliación cervical

4. Cuando los axones de las extremidades inferiores entran y salen de la médula espinal, se forma una región llamada?
a. ampliación lumbar
b. cono medular
c. cauda equina
d. foramen magnum
e. ampliación cervical

5. La médula espinal se encuentra con el tallo cerebral en el?
a. ampliación lumbar
b. cono medular
c. cauda equina
d. foramen magnum
e. ampliación cervical

6. ¿Cuántos nervios espinales tienen los humanos?
a. 31
b. 62
c. 12
d. 33
e. 12

7. ¿Cuántas nervios cervicales espinal tenemos?
a. 8
b. 12
c. 5
d. 1
e. 31

8. ¿Cuántos nervios de la médula torácica tenemos?
a. 8
b. 12
c. 5
d. 1
e. 31

9. ¿Cuántos nervios espinal lumbares tenemos?
a. 8
b. 12
c. 5
d. 1
e. 31

10. ¿Dónde está la materia gris de la médula espinal?
a. superficial
b. profundo

11. ¿Qué se encuentra en la raíz dorsal del nervio espinal?
a. dendritas
b. materia gris
c. cauda equina
d. músculo
e. ganglio

12. ¿Dónde se encuentra la sustancia blanca de la médula espinal?
a. superficial
b. profundo

13. Un reflejo siempre comienza con una?
a. receptor sensorial
b. neurona sensorial
c. interneuron
d. motoneurona
e. órgano efector

14. ¿Qué parte de un reflejo se encuentra en el cuerno lateral de la sustancia gris?
a. receptor sensorial
b. neurona sensorial
c. interneuron
d. motoneurona
e. órgano efector

15. ¿Qué parte de un reflejo conduce el potencial de acción hacia el sistema nervioso central?
a. receptor sensorial
b. neurona sensorial
c. interneuron

d. motoneurona

e. órgano efector

16. ¿Cuál es el receptor sensorial para el reflejo de retirada?
a. barorreceptora
b. receptor de dolor
c. órgano de Golgi
d. huso muscular
e. thermoreceptor

17. ¿Cuál es el receptor sensorial para el reflejo de estiramiento?
a. barorreceptora
b. receptor de dolor
c. órgano de Golgi
d. huso muscular
e. thermoreceptor

18. ¿Cuál reflejo nos da una tensión constante en los músculos posturales?
a. retirada reflejo
b. Golgi tendon reflex
c. reflejo de estiramiento

19. ¿Qué reflejo retirará una parte del cuerpo de un estímulo doloroso?
a. retirada reflejo
b. Golgi tendon reflex
c. reflejo de estiramiento

20. El receptor sensorial que detecta pequeñas cantidades de estiramiento (tensión)?
a. barorreceptora
b. receptor de dolor
c. órgano de Golgi
d. huso muscular

e. thermoreceptor

21. El receptor sensorial que detecta intenso estiramiento?
a. barorreceptora
b. receptor de dolor
c. órgano de Golgi
d. huso muscular
e. thermoreceptor

22. Aprovechar el tendón rotuliano que pondría a prueba arco reflejo?
a. retirada reflejo
b. Golgi tendon reflex
c. reflejo de estiramiento

23. Que inerva nerviosas son (controles) del músculo del diafragma?
a. torácica
b. obtorator
c. cubital
d. axilar
e. frénico

24. Que inerva nerviosas (controles) del músculo pectoral mayor?
a. torácica
b. obtorator
c. cubital
d. axilar
e. frénico

25. Que inerva nerviosas son (controles) el músculo deltoides?
a. torácica
b. obtorator
c. cubital
d. axilar

e. frénico

26. ¿Cuál de los nervios inerva (controles) los bíceps braquial músculo?
a. torácica
b. obtorator
c. mulculocutaneous
d. femoral
e. glútea

27. ¿Cuál de los nervios inerva (controles) los aductores del muslo?
a. torácica
b. obtorator
c. cubital
d. axilar
e. frénico

28. ¿Qué nervio está dañado cuando golpeamos nuestro hueso de la risa?
a. torácica
b. obtorator
c. cubital
d. axilar
e. frénico

29. El síndrome del túnel carpiano se asocia con que nervios?
a. mediana
b. tibial
c. radial
d. axilar
e. torácica

CAPÍTULO 11 - Respuestas a las preguntas de opción múltiple.

1. B
2. C
3. E
4. A
5. D
6. B
7. A
8. B
9. C
10. B
11. E
12. A
13. A
14. C
15. B
16. B
17. D
18. C
19. A
20. D
21. C
22. C
23. E
24. A
25. D
26. C
27. B
28. C
29. A

CAPÍTULO 12 - simpático y parasimpático del sistema nervioso

El sistema nervioso autónomo tiene tres subdivisiones: simpático, parasimpático y entérico. El simpático y parasimpático son dos divisiones muy importantes. Estas dos divisiones se conectan demasiados estructuras dentro del cuerpo y son también quienes controlan muchas de nuestras funciones autónomas. La división entérico se cubrirá con el sistema digestivo.

La división simpática es también llamada la división "lucha o huida". Este grupo de neuronas es responsable de todos los cambios que se ven en momentos de actividad física, el estrés o emociones fuertes. Piense en lo que sucede a su ritmo cardíaco, la ventilación y el flujo sanguíneo, durante la actividad física. Nuestro corazón late más rápido y más duro, o aumenta la velocidad de ventilación y más flujo de sangre a los órganos necesarios para la actividad física. La división simpática provoca cambios por la liberación de noradrenalina en las sinapsis de los tejidos. Los receptores de norepinefrina se llaman receptores adrenérgicos.

La división parasimpático también se le llama la división del "descanso y relajación". Este grupo de neuronas es responsable de todos los cambios que se ven en momentos de reposo, dormir o comer. Esta división del sistema nervioso va a hacer lo contrario de lo que hace el simpático. La división parasimpática provoca cambios por la liberación de acetilcolina en las sinapsis de los tejidos. Los receptores de acetilcolina se llaman receptores colinérgicos.

Para entender cómo funcionan estas dos divisiones, considere lo que usted necesita para la actividad física. El corazón, los pulmones y el músculo esquelético son algunos órganos muy importantes. La división simpática mejorará la actividad de estos órganos. Si prefiere pensar en esto como acelerarlos y haciendo que trabajen más, es esencialmente correcta. Otro cambio grande visto durante la actividad física es un cambio en el flujo sanguíneo. La división simpática aumentará la cantidad de sangre que va al corazón, se utilizan los pulmones y los músculos esqueléticos.

No olvide que como se están mejorando algunos órganos, otros órganos se están inhibidos. Por lo tanto, no creo que de la división simpática como órganos sólo estimulantes, inhibe a otros al mismo tiempo. Tenemos una cantidad limitada de sangre en nuestro cuerpo, por lo que si más sangre se envía a algunos órganos, entonces menos deben ser enviados a otros. La división simpática inhibirá el flujo de sangre a los órganos que no sean necesarios para la actividad física, como el tracto GI. Dado que no necesitamos nuestro estómago y los intestinos para la actividad física, el flujo de sangre a ellos se inhibe por la división simpática. Por ejemplo, a veces corremos, nuestro lado empieza a doler. Este dolor no está en nuestros músculos, pero en nuestros intestinos. Cuando alguien comienza a ejecutar el flujo de sangre a las extremidades inferiores se incrementa. Al mismo tiempo el flujo de sangre a los órganos que no sean necesarios para la actividad física disminuye. Nuestro lado duele porque los intestinos no están recibiendo suficiente sangre para que les suministren las cantidades adecuadas de oxígeno. Cuando un órgano no está recibiendo suficiente oxígeno, se le hará saber al doler. Piense en cómo el corazón se duele cuando alguien está teniendo un ataque al corazón.

Consideremos algunos órganos y los efectos de estas dos divisiones.
Organ [simpática] [parasimpático]
Corazón [aumento del ritmo] [cardíaco disminuye la frecuencia cardíaca]
Los pulmones [Ventilación mas rapido] [Ventilación lenta]
Estómago [disminución de la actividad] [mayor actividad]
Arrector pili [contracción] pili [relajación]
Las glándulas salivales [inhibe la salivación] [aumenta la salivación]

Como norepinefrina es liberada por la división simpática, este producto químico se une a receptores específicos llamados receptores adrenérgicos. Los receptores adrenérgicos vienen en 4 tipos: alfa 1, alfa 2, beta1 y beta2. Cuando se estudia la farmacología, usted aprenderá las características específicas de cada tipo de receptor. Uno de estos receptores se menciona comúnmente cuando escuche anuncios de televisión para medicamentos para la presión arterial. A menudo, los bloqueadores beta se mencionan en estos comerciales. Considere lo que hace un bloqueador beta, impide norepinefrina de trabajar en los sitios receptores en el músculo cardíaco. Desde norepinefrina trabaja para elevar la presión arterial, un betabloqueante mantendría la norepinefrina de trabajo, lo que ayudará a disminuir la presión arterial.

Los comunicados de división parasimpático acetilcolina en los receptores colinérgicos. Los receptores colinérgicos vienen en 2 tipos: muscarínicos y nicotínicos. Los receptores muscarínicos deben su nombre a un químico que se encuentra en algunos hongos. Este producto químico en las setas se imitan los efectos de la acetilcolina. ¿Qué sucede cuando la acetilcolina se libera en el corazón? El corazón se ralentizará sus contracciones y esto va a bajar la presión arterial. Si alguien fuera a comer estos hongos con la acetilcolina como químicos en él, ¿que podría pasar con ellos? Su corazón podría dejar de comer lo suficiente de ellos. Es por esto que usted no come setas.

El otro es el receptor nicotínico, obviamente conseguir su nombre de la nicotina. Todos sabemos que la nicotina se encuentra en el tabaco y muchas personas son adictos a esta sustancia química. La nicotina se imitan los efectos de la acetilcolina en muchas partes del cuerpo, resultando en corazón, pulmonar y muchos otros problemas.

Capítulo 12 - Preguntas

1. ¿Qué división del sistema nervioso también se llama la lucha o la huida división?
a. simpático
b. parasimpático
c. entérico
d. autonómica
e. central

2. ¿Qué división del sistema nervioso también se llama la división descanso y la relajación?
a. simpático
b. parasimpático
c. entérico
d. autonómica
e. central

3. ¿Qué quimico de la división simpática libera en los tejidos?
a. acetilcolina
b. serotonina
c. norepinefrina
d. todo lo anterior
e. Ninguna de las anteriores

4. La división simpática del sistema nervioso, que estimularía el órgano?
a. estómago
b. riñones
c. intestino delgado
d. corazón
e. el crecimiento del cabello

5. La división simpática inhibiría qué?
a. corazón
b. los músculos de la ventilación
c. el flujo de sangre a los músculos esqueléticos
d. todo lo anterior
e. Ninguna de las anteriores

6. La división simpática haría que a la salivación?
a. estimular
b. inhibir
c. nada

7. La división parasimpática haría que a la frecuencia cardíaca?
a. estimular
b. inhibir
c. nada

8. La división parasimpática haría que a pequeña actividad intestino?
a. estimular
b. inhibir
c. nada

9. La división simpática haría que a los músculos erectores del pelo en la piel?
a. estimular
b. inhibir
c. nada

10. ¿Qué no es un receptor adrenérgico?
a. alfa1
b. alfa2
c. beta1
d. beta2
e. muscarínico

11. ¿Qué no es un receptor colinérgico?
a. muscarínico
b. nicotínico
c. beta1

12. ¿Cuál será la división simpática para hacer el flujo de sangre al corazón, los pulmones y los músculos esqueléticos durante los tiempos de la actividad física o el estrés?
a. estimular
b. inhibir
c. nada

13. Si se toma un fármaco que imita la acetilcolina, que se puede esperar de la frecuencia cardíaca para hacer qué?
a. aumentar
b. disminuir
c. ningún efecto

CAPÍTULO 12 - Respuestas a las preguntas de opción múltiple.

1. A
2. B
3. C
4. D
5. E
6. B
7. B
8. A
9. A
10. E
11. C
12. A
13. B

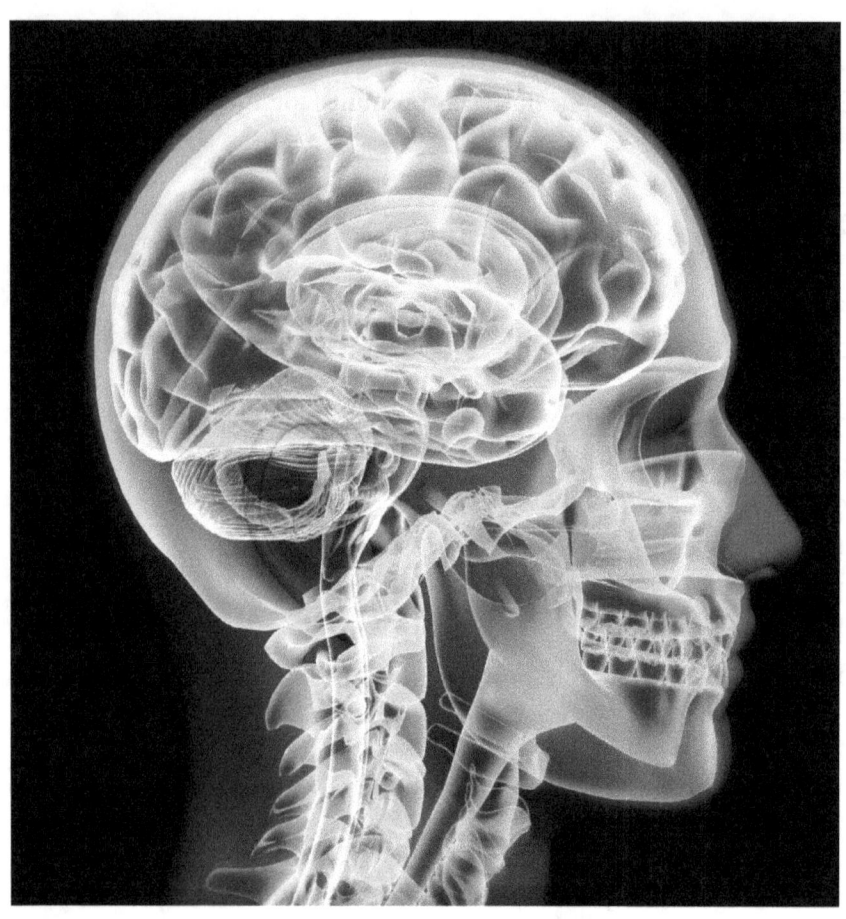

CAPÍTULO 13 – Sentidos

Una sensación es nuestro cerebro interpretación de la información acerca de nuestro cuerpo o el medio ambiente. Estamos recibiendo constantemente información sobre nuestro cuerpo y el medio ambiente y la mayor parte de esta información que no somos conscientes. La mayor parte de lo que nuestro cerebro está haciendo está sucediendo sin nuestro pensamiento consciente. Estamos constantemente recibiendo señales desde el interior de nuestro cuerpo y el medio ambiente que nos rodea. El cerebro interpreta estos potenciales de acción que se reciben desde los receptores sensoriales y decide qué hacer con el. Mucho de esto es para mantener la homeostasis, pero más se tratara.

Los receptores sensoriales pueden clasificarse de muchas maneras. Una de las formas más utilizadas es dividirlos en sentidos generales y los órganos de los sentidos.

Sentidos generales son sentidos que se encuentran en muchas partes del cuerpo. Tenemos receptores sensoriales para el tacto, el dolor, cosquilleo, picazón, etc., en muchas regiones del cuerpo. Sentidos especiales son sentidos que tenemos en una región específica del cuerpo. Sólo vemos con nuestros ojos, escuchamos con nuestros oídos, oler con la nariz, gusto con nuestra lengua y tener equilibrio con nuestros oídos internos. No te olvides de la diferencia entre los dos.

Sentidos también se pueden clasificar por el tipo de estímulos que detectan. Estos son los:
1. Los quimiorreceptores - Estos son los receptores que detectan productos químicos. Nuestro sentido del olfato y el gusto son ejemplos de los quimiorreceptores. Estamos oliendo químicos en el aire que inhalamos y degustamos productos químicos en lo que comemos. Tenemos otras quimiorreceptores dentro de nuestro cuerpo. Nuestra hipotálamo tiene quimiorreceptores de azúcar en la sangre. Otras partes del cerebro regulan el dióxido de carbono y oxígeno. Estos son todos los quimiorreceptores.

2. Los fotorreceptores - Los fotorreceptores detectan la luz y nos dan nuestra capacidad de ver.

3. Termorreceptores - Termorreceptores detectan los cambios de temperatura, por lo que saben lo caliente y fría son.

4. Mecanorreceptores - Un mecanoreceptor siempre implica movimiento, que es lo que la estimulación mecánica es. Nuestro sentido de la audición, el equilibrio y muchos tipos de receptores del tacto funciona de esta manera.

5. Los nociceptores - Éstos también se llaman receptores del dolor. Si el cuerpo está dañado de alguna manera, estos receptores nos háganoslo saber.

6. osmorreceptores - Estos se encuentran en el hipotálamo y detectar cambios en la osmolaridad. La osmolalidad es el número de partículas en solución, estos son básicamente receptores de viscosidad. Si el hipotálamo detecta que la osmolalidad es demasiado alta, entonces esto significa nuestra sangre es demasiado grueso. Cuando nuestra sangre es demasiado espesa, obtenemos sed. Beber agua fina nuestra sangre vuelva a la normalidad.

7. Los barorreceptores - barorreceptores detectan cambios en la presión. También puede pensar en estos son los receptores de estiramiento, porque cuando la presión aumenta, las estructuras se estiran. Usted es consciente de los barorreceptores en nuestro estómago y vejiga. Otros se pueden encontrar en nuestras arterias, contando nuestro cerebro lo que nuestra presión arterial es. Cuanta más sangre bombea el corazón, más sangre se extiende nuestras arterias. A medida que las arterias se estiran más, envían los potenciales de acción en el cerebro con más frecuencia. Este aumento en la frecuencia se interpreta como un aumento en la presión arterial.

8. Propioceptores - Éstos también se llaman receptores de tensión. Estos receptores se encuentran en nuestros tendones, la detección de la tensión muscular. Si cierras los ojos, todavía se puede decir dónde está su mano está. Usted sabe cuando está abajo por su lado o si es por encima de su cabeza, incluso si usted no puede ver su mano. Cuando su mano está a su lado el músculo deltoides no está

aplicando tensión a su tendón, pero cuanto más se contraiga el músculo deltoides más tensión que se aplica al tendón. Este aumento de la tensión permite percibir la posición del cuerpo.

La adaptación es una característica funcional mostrada por algunos receptores sensoriales. La adaptación se refiere a la disminución de una sensación en el tiempo. Piensa si te acercas a alguien que lleva perfume. Al principio, el sentido del olfato es fuerte y luego con el tiempo la sensación disminuye. Nuestro sentido del olfato y el gusto son buenos ejemplos de sentidos que exhiben adaptación. Otros receptores como los receptores del dolor, que no presentan adaptación. Nuestro cuerpo no quiere un receptor de dolor para adaptarse, porque si lo hiciera, tendríamos olvidarnos de las cosas que dañan nuestro cuerpo.

Otros receptores que tienen detectar estímulos desde dentro del cuerpo. Estos receptores se denominan interorecetors o visceroreceptors. A visceroreceptor se encuentra profundamente dentro del cuerpo para la detección de dolor y la presión. Receptores sensoriales que se encuentran superficialmente en el cuerpo son exteroreceptors. Estos receptores se encuentran en el sistema tegumentario y nos dan información sobre lo que está sucediendo a nuestro alrededor.

Los órganos de los sentidos son el olfato, el gusto, la visión, la audición y el equilibrio (equilibrio).
1. El olfato (olfato) - Nuestro sentido del olfato se lleva a cabo en las regiones superiores de la cavidad nasal. Neuronas olfativas localizadas dentro de una capa de epitelio olfativo responderá a productos químicos que se dibujan en cuando respiramos. Al acercarnos aire en, traemos los productos químicos en el aire. Estos productos químicos se adhieren a la mucosa ambiente húmedo y difundir a través de ella. Estos productos químicos alcanzarán los quimiorreceptores del olfato y generar potenciales de acción. Los

potenciales de acción se desplazarán hacia el cerebro y nuestro cerebro interpretan estos potenciales de acción como el olfato.

2. Sabor (gustatation) - Nuestra lengua tiene cuatro estructuras diferentes ubicadas que se llaman papilas. Las papilas se clasifican por su forma. La más numerosa de las papilas son filiformes. Estas estructuras son la única papilas que no tienen papilas gustativas asociados con ellos. Las papilas fungiformes son los puntos rojos dispersos que vemos en nuestra lengua. Las papilas caliciformes se encuentran en la parte posterior de la lengua y el último tipo es foliadas.

Palilas forma
Filiforma como una tubería ronda
Fungiforma forma de hongo
Circunvalada grande y amurallada
Follaje forma de hoja

Nuestros gustos vienen en cinco formas primarias: dulce, agrio, salado, amargo y umami. El último sabor umami se refiere a los gustos de carnes y quesos. De estos sabores amargo es el más fuerte y puede tener una respuesta emocional asociada a ella. Piense en darle un caramelo amargo a un bebé y qué respuesta, hacen que dan. Muchos bebés hacen una cara y agitar su cabeza, cuando se le da un caramelo amargo. Muchos materiales tóxicos que se encuentran en las plantas tienen un sabor amargo. Se cree que somos tan sensibles a los sabores amargos, por lo que puedemos evitar las plantas venenosas.

3. Audiencia - Nuestro oído tiene 3 grandes regiones: externo, medio e interno.
  a. oído externo - El oído externo contiene varias estructuras.
  Aurícula - esto es lo que pensamos que es el oído, la estructura flexible exterior. Esta estructura externa contiene la hélice que es la parte estriada hecho de cartílago y la porción de lóbulo inferior. Esta

oído externo funciona como un embudo para recoger las ondas de sonido y moverlos hacia el canal auditivo externo. Este túnel se extiende a través del hueso temporal y termina en la membrana timpánica (tímpano). La membrana timpánica es una estructura delgada, sensible que se moverá cuando se mueve el aire a su alrededor.

b. oído medio - El oído medio contiene tres huesos llamados huesecillos del oído. Los tres huesos del oído medio están ahí para amplificación de sonido. También en esta región es la (de Eustaquio) trompa auditiva. Este conducto conecta el oído medio con la faringe (garganta). Cuando tenemos la presión sobre la membrana timpánica, podemos bostezar o tragar para abrir este pasadizo. Cuando hacemos el aire se moverá cualquier dirección que se necesita para equilibrar la presión de aire en la membrana timpánica. Este equilibrio de la presión nos permitirá escuchar con claridad de nuevo.

En el oído medio son dos músculos esqueléticos llamados el tensor del tímpano y el estribo. Estos dos músculos pueden tirar de los huesos del oído medio para proteger nuestro oído interno de los ruidos fuertes. Recuerde que los huesos del oído medio (huesecillos del oído) están ahí para amplificar el sonido. Si estos músculos tiran de los huesos, entonces no pueden moverse con facilidad. Esto evitará que la amplificación de la onda de sonido y proteger las delicadas estructuras del oído interno. La contracción autonómica de estos músculos se llama el reflejo de atenuación.

c. oído interno - Esta región comienza en la ventana oval y se extiende hasta la cóclea, vestíbulo y canales semicirculares. La cóclea nos da nuestro sentido del oído, mientras que el vestíbulo y canales semicirculares nos dan nuestro sentido del equilibrio.

4. Equilibrio - El vestíbulo y semicirculares canales nos dan nuestro sentido del equilibrio. Nuestro sentido del equilibrio se lleva a cabo dentro de cámaras huecas del hueso temporal. Estas cámaras están

llenas de células ciliadas fluidos y mecanorreceptores llamada. Las células ciliadas se microvellosidades modificados. Estas microvellosidades se modifican para detectar el movimiento. Cuando nos inclinamos nuestra cabeza hacia un lado o aceleramos en un vehículo, el líquido que rodea las células ciliadas se moverá. Esto moverá las células ciliadas, inclinando a un lado, lo que abrirá los canales de iones, lo que resulta en despolarizaciones.

Imagínese que usted está buscando en un estanque, lleno de hierba lago crecía desde el fondo. Si se lanza una piedra en el agua, se genera olas. Estas ondas se moverán el lado hierba a lado. Esto es similar a cómo los mecanorreceptores de la obra oído interno.

5. Visión - Antes de mirar a los ojos, asegúrese de que no se olvide de las estructuras accesorias de los ojos. Las estructuras accesorias son estructuras que no se ve con, pero sí ayudar a los ojos.

Cejas - La sombra de los ojos y las cejas ayudan a mantener el sudor de los ojos.

Párpados (párpado) - Los párpados son una cubierta protectora sobre nuestros ojos. Vamos a parpadear si algo se acerca a nuestros ojos rápidamente y esto va a cubrirlos. También Parpadeamos mantener los ojos húmedos y limpios. Las pestañas son los pelos que crecen fuera de los párpados. Estos pelos pueden también ayudar a protestar por los ojos. Las capas interiores de los párpados están cubiertos con las membranas mucosas delgados llamados capas conjuntiva palpebral. Estos son capas delgadas de tejido epitelial. Dentro de nuestra párpados es una capa de tejido conectivo llamado la placa tarsal. Esta placa da la forma y estructura de los párpados.

Glándulas lagrimales (desgarro glándulas) - Nuestras glándulas lagrimales liberan constantemente la humedad en los ojos para mantenerlos húmedos. Si nuestros ojos se secan, se convertirán en rojo e irritado. Después de que la humedad se mueve a través de nuestros ojos, que se acumula en el canto medial (esquinas). A partir de aquí la humedad pasa a través de pequeños orificios en las esquinas mediales de los párpados. Estos diminutos agujeros son llamados puntos lagrimales y se puede ver si se tira de su párpado superior o inferior hacia abajo. La humedad pasará entonces a través del hueso lagrimal y hacia abajo en la cavidad nasal. Gran parte de la humedad en la nariz, proviene de nuestros ojos.

Tenemos algunos músculos oculares externos, que utilizamos para abrir y cerrar los ojos. Los músculos orbiculares de los ojos son los músculos del esfínter que utilizamos para cerrar los ojos. El superior y del músculo elevador palpebral que utilizamos para abrir los ojos.

En las esquinas mediales de cada ojo es una zona rosa de tejido llamado carúncula. Aquí es donde los materiales recogen a medida que se mueven a través de los ojos.

Cuando nos movemos nuestros ojos estamos usando seis músculos esqueléticos. Cuatro de estos músculos son rectos (rectas) músculos. Se originan en la parte posterior de la órbita y se insertan en la esclerótica (parte blanca) de nuestros ojos. Cada músculo recto es nombrado por su posición y mueve el ojo en esa misma dirección. Estos cuatro músculos son:
1. recto superior - se encuentra por encima del ojo y hace que nuestra mirada a subir.
2. recto inferior - encontró debajo del ojo y hace que nuestra mirada a bajar.
3. recto medial - se encuentra en la esquina medial y hace que nuestra mirada para venir hacia adentro.
4. recto lateral - encontrar en la esquina lateral y causar la mirada a salir.

Además de estos cuatro músculos rectos, también tenemos dos músculos oblicuos. Estos músculos se mueven nuestra mirada en la dirección opuesta en la que se encuentran. Estos dos músculos son:

5. oblicuo superior - encuentra por encima del ojo y causar la mirada a bajar.
6. oblicuo inferior - encontró debajo del ojo y causar la mirada a subir.

Así que cuando miramos hacia arriba, usamos lo que dos músculos? El recto superior y el oblicuo inferior.
Cuando miramos hacia abajo, usamos lo que dos músculos? El recto inferior y oblicuo superior.
Cuando miramos a la derecha, usamos lo que los músculos? El recto lateral del ojo derecho y del recto medial en el ojo izquierdo. Asegúrese de saber cómo estos músculos trabajan juntos.

En cuanto a las estructuras del ojo, vamos a pasar delante a atrás.
1. Córnea - la córnea es la estructura clara, avascular visto en el frente de nuestros ojos. Esta parte transparente del ojo deja pasar la luz en una dirección anterior a posterior, que penetra más profundo en el ojo. Nótese también la cúpula de forma (cóncava) a la córnea. Esta forma trae rayos de luz juntos y esto es muy importante para nuestra visión para que funcione correctamente.

2. Iris - el iris contiene melanina y nos da el color de nuestros ojos: marrón, azul, verde, etc. El iris está compuesto principalmente de músculo liso. Este músculo está dispuesto en dos grupos: el grupo del esfínter, lo que hace que nuestra pupila más pequeña y el grupo dilatador que hace que nuestra pupila más grande.

3. Alumno - la pupila no es una estructura, sino un agujero en el frente de nuestros ojos. El iris alrededor de la pupila cambia el tamaño de la pupila para regular la cantidad de luz entra en nuestros ojos. Si tenemos una luz brillante en la cara, que no podemos ver. Si estamos en un cuarto oscuro, que no podemos ver. Necesitamos la cantidad justa de luz que entra en nuestra pupila para ver correctamente.

4. Lente - profundo para el alumno es el objetivo, una estructura elástica que nos permite enfocar objetos cercanos o lejanos. Podemos cambiar el espesor de la lente mediante el cuerpo ciliar (músculo liso) situado a su alrededor. El cuerpo ciliar se conecta a la lente por ligamentos suspensorios. Este músculo liso permitirá que el lente se espese para enfocar objetos cercanos.

5. El humor vítreo - la mayor parte del ojo está lleno de un líquido llamado humor vítreo. Este humor es un líquido espeso, que mantiene la presión adecuada en el interior del ojo. El líquido dentro del ojo no puede ser demasiado alto o demasiado bajo o el ojo no enfoca correctamente. Los fluidos del ojo salen del ojo a través de dos pequeños agujeros en la parte anterior, las regiones superiores. Estos agujeros son los senos venosos esclerales.

6. Retina - la primera estructura visto en la región posterior del ojo es la retina. La retina es la capa fotorreceptora que contiene los conos y bastones. Los bastones y conos son las neuronas fotorreceptoras responsables de nuestra visión. Las varillas funcionan bien en condiciones de poca luz, pero sólo nos dan la visión en blanco y negro. Si sólo tuviéramos barras en nuestros ojos, no veríamos color, sólo sombras de gris. Los conos nos dan agudo, visión de color, pero necesitan más luz para trabajar. Cada neurona fotorreceptor tiene sus propias ventajas y desventajas. En el centro de la retina, hay una concentración de conos. Esta región es la fóvea central y es donde tenemos nuestro mejor visión. La vitamina A es necesaria para la producción de la retina para las barras funcionen correctamente.

7. Coroides - superficial a la retina es la capa coroides. La capa coroides es muy vascular y es responsable para el ojo rojo de un flash de la cámara. Cuando usted mira en los ojos de alguien con un oftalmoscopio, los vasos sanguíneos se pueden ver en la coroides. Todos estos vasos sanguíneos y los axones entran y salen del ojo en una región llamada la papila óptica.

8. Esclerótica - superficial a la coroides es la esclerótica. La esclerótica es lo que también se llama el "blanco del ojo". Esta es una dura capa de colágeno, de espesor que rodea y protege el ojo. Los músculos extrínsecos que mueven el ojo tienen su inserción en la esclerótica.

Trastornos oculares
1. Glaucoma - aumento de la presión intraocular, causando una falta de flujo de sangre a través de la retina.
2. Hipermetropía - cuando una imagen se enfoca detrás de la retina causando una condición previsora.
3. La miopía - cuando una imagen se enfoca delante de la retina causando una condición miope.
4. La presbicia - una pérdida de flexibilidad en la lente.
5. Las cataratas - una opacidad del cristalino.
6. El astigmatismo - córnea irregularmente curvada o lente.
7. La retinopatía diabética - una pérdida de suministro de sangre debido a complicaciones de la diabetes.
8. El desprendimiento de retina - cuando la retina se separa de la región posterior del ojo.

Human Eye Anatomy

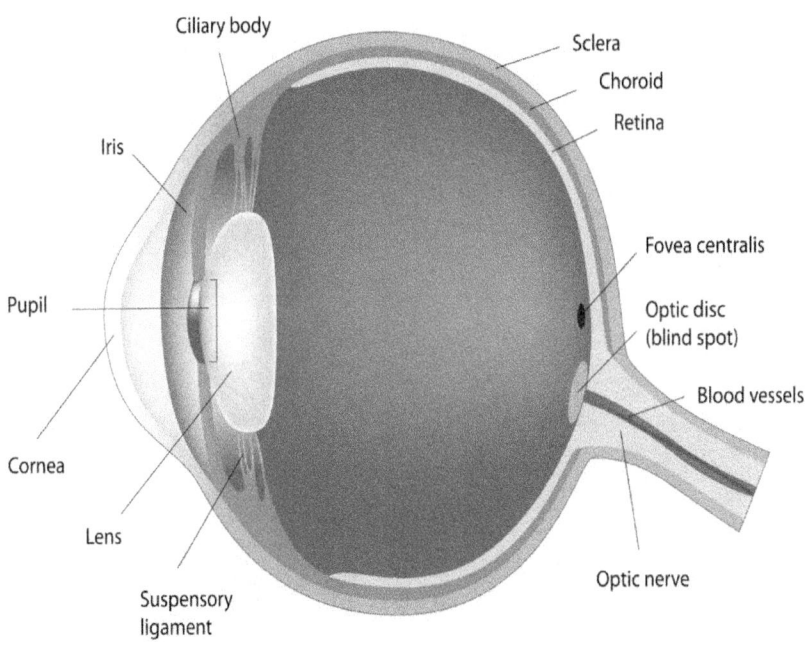

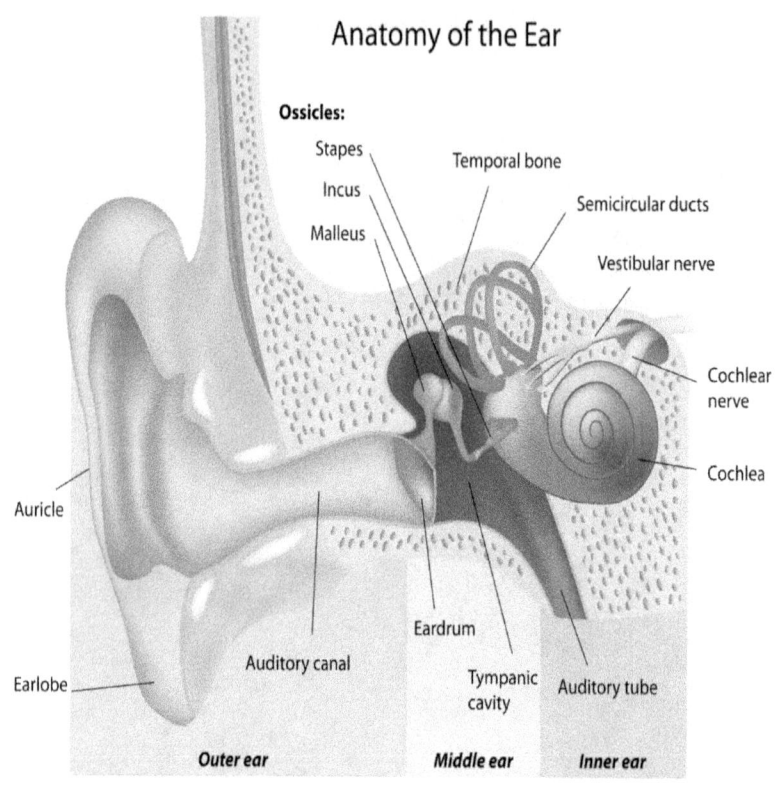

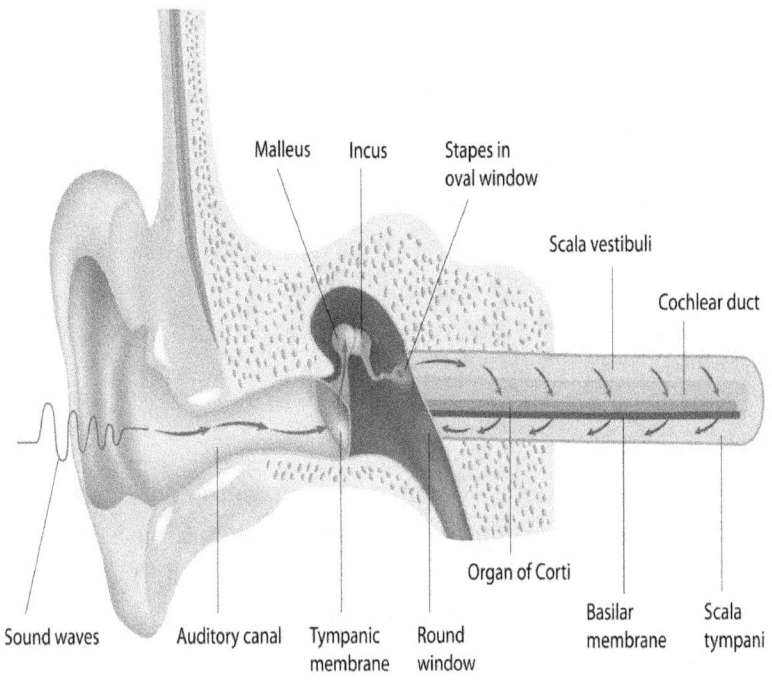

Capítulo - 13 Preguntas

1. ¿Cuál es el sentido general?
a. un sentido que se encuentra en una pequeña región del cuerpo
b. un sentido se encuentra dentro de la cavidad abdominal
c. un sentimiento encontrado en muchas zonas del cuerpo
d. un sentido que se encuentra en el sistema tegumentario
e. todo lo anterior

2. ¿Qué es una sensación especial?
a. un sentido que se encuentra en una pequeña región del cuerpo
b. un sentido se encuentra dentro de la cavidad abdominal
c. un sentimiento encontrado en muchas zonas del cuerpo
d. un sentido que se encuentra en el sistema tegumentario
e. todo lo anterior

3. Nuestro sentido del olfato y el gusto son ejemplos de qué tipo de receptor sensorial?
a. thermoreceptor
b. mecanorreceptor
c. osmorreceptores
d. quimiorreceptores
e. barorreceptora

4. Nuestro sentido del tacto es un ejemplo de qué tipo de receptor sensorial?
a. thermoreceptor
b. mecanorreceptor
c. osmorreceptores
d. quimiorreceptores
e. barorreceptora

5. Nuestra sensación de sed es detectado por que tipo de receptor sensorial?
a. thermoreceptor
b. mecanorreceptor
c. osmorreceptores
d. quimiorreceptores
e. barorreceptora

6. Nuestro sentido de la audición y el equilibrio son el tipo de que receptor sensorial?
a. thermoreceptor
b. mecanorreceptor
c. osmorreceptores
d. quimiorreceptores
e. barorreceptora

7. Nuestro cerebro sabe nuestra presión arterial a través de la utilización de qué tipo de receptor sensorial?
a. thermoreceptor
b. mecanorreceptor
c. osmorreceptores
d. quimiorreceptores
e. barorreceptora

8. Podemos detectar temperaturas frías y calientes a través del uso de qué tipo de receptor sensorial?
a. thermoreceptor
b. mecanorreceptor
c. osmorreceptores
d. quimiorreceptores
e. barorreceptora

9. Un receptor de dolor también se denomina?
a. osmorreceptores
b. barorreceptora

c. nociceptores
d. proprioreceptor
e. exteroreceptor

10. Podemos conocer nuestra posición corporal incluso si nuestros ojos están cerrados mediante el uso de qué tipo de receptor sensorial?
a. osmorreceptores
b. barorreceptora
c. nociceptores
d. proprioreceptor
e. exteroreceptor

11. La percepción de algunos receptores sensoriales disminuye con el tiempo. Esto se llama?
a. resolución
b. adaptación
c. gustatation
d. olfacción
e. suma

12. ¿Cuál de nuestra papilas es largo y cilíndrico como una paja?
a. filiforme
b. fungiformes
c. valadas
d. foliar

13. ¿Cuál de nuestra papilas tiene la forma de un hongo?
a. filiforme
b. fungiformes
c. valadas
d. foliar

14. ¿Cuál de nuestra papilas no tiene papilas gustativas asociados con ellos?

a. filiforme
b. fungiformes
c. valadas
d. foliar

15. ¿Cuál de nuestra papilas se ven como pequeños puntos rojos en nuestra lengua?
a. filiforme
b. fungiformes
c. valadas
d. foliar

16. De los 5 sabores elementales, que es el más fuerte?
a. dulce
b. agrio
c. salado
d. amargo
e. umami

17. La membrana timpánica se encuentra en el?
a. oído externo
b. oído medio
c. oído interno

18. El conducto auditivo externo pasa a través de que hueso?
a. frontal
b. esfenoides
c. parietal
d. temporal
e. occipital

19. La parte carnosa externa de nuestro oído se llama?
a. membrana timpánica
b. aurícula
c. ventana redonda

d. maleo
e. cóclea

20. Las partes camellones de nuestro oído se llaman?
a. lóbulo
b. hélice
c. canales semicirculares
d. vestíbulo
e. yunque

21. Podemos igualar la presión en la membrana timpánica por aire que se mueve a través de lo?
a. conducto auditivo externo
b. canales semicirculares
c. cóclea
d. trompa de Eustaquio
e. todo lo anterior

22. El tímpano también se llama el?
a. membrana timpánica
b. aurícula
c. ventana redonda
d. maleo
e. cóclea

23. Los tres huesos del oído medio se utilizan para?
a. protección
b. equilibrio
c. equilibrio
d. para equilibrar la presión de aire
e. amplificación de sonido

24. El tubo de Eustaquio conecta el oído medio con que parte?
a. oído interno
b. oído externo

c. cavidad nasal
d. faringe
e. todo lo anterior

25. La cóclea es responsible or?
a. audición
b. equilibrio
c. equilibrio
d. presión atmosférica
e. amplificación de sonido

26. Los canales semicirculares son responsables?
a. audición
b. equilibrio
c. presión atmosférica
d. presión atmosférica
e. amplificación de sonido

27. ¿Que función realiza el reflèjo de atenuación?
a. amplificación de sonido
b. equilibrio
c. impide la amplificación de sonido
d. mueve la membrana timpánica
e. equilibra la presión del aire

28. La estructura entre el estribo y el vestíbulo es el?
a. membrana timpánica
b. ventana redonda
c. ventana oval
d. canales semicirculares
e. cóclea

29. Los párpado también se llaman el?
a. párpados
b. cejas

c. pestañas
d. glándulas lagrimales
e. Ninguna de las anteriores

30. Las glándulas lacrimales son también conocidos como la?
a. glándulas sebáceas
b. glándulas ceruminosas
c. glándulas lagrimales
d. glándulas sudoríparas
e. glándulas mamarias

31. ¿Qué músculo se dirige la mirada hacia arriba?
a. recto superior
b. recto inferior
c. recto lateral
d. oblicuo superior
e. recto medial

32. ¿Qué músculo se dirige la mirada hacia abajo?
a. recto superior
b. recto inferior
c. recto lateral
d. oblicuo inferior
e. recto medial

33. El músculo oblicuo superior trabaja en conjunto con que músculo?
a. recto superior
b. recto inferior
c. recto lateral
d. recto medial
e. oblicuo inferior

34. El músculo oblicuo inferior trabaja en conjunto con que músculo?

a. recto superior
b. recto inferior
c. recto lateral
d. recto medial
e. oblicuo inferior

35. ¿Cuál es la estructura más anterior?
a. retina
b. esclerótico
c. córnea
d. lente
e. iris

36. La estructura que contiene los conos y bastones?
a. retina
b. esclerótico
c. córnea
d. lente
e. iris

37. La estructura flexible que se encarga de enfocar objetos cercanos?
a. retina
b. esclerótico
c. córnea
d. lente
e. iris

38. El agujero oscuro en la parte frontal del ojo es el?
a. retina
b. alumno
c. esclerótico
d. coroides
e. iris

39. ¿Qué parte del ojo controla el tamaño de la pupila?
a. retina
b. alumno
c. esclerótico
d. coroides
e. iris

40. Los músculos que mueven el ojo en la inserción?
a. retina
b. alumno
c. esclerótico
d. coroides
e. iris

41. La capa vascular del ojo es?
a. retina
b. alumno
c. esclerótico
d. coroides
e. iris

42. La parte de nuestro ojo que ha coloreado la melanina es?
a. retina
b. alumno
c. esclerótico
d. coroides
e. iris

43. Un aumento de la presión en el interior del ojo se conoce comúnmente como?
a. glaucoma
b. hipermetropía
c. cataratas
d. astigmatismo
e. miopía

44. Si una persona es clarividente tienen?
a. glaucoma
b. hipermetropía
c. cataratas
d. astigmatismo
e. miopía

45. Si una persona es miope tienen?
a. miopía
b. hipermetropía
c. presbicia
d. astigmatismo
e. glaucoma

46. Una opacidad del cristalino es?
a. desprendimiento de retina
b. astigmatismo
c. miopía
d. glaucoma
e. cataratas

47. Una irregularidad en la forma de la córnea o el cristalino es?
a. desprendimiento de retina
b. astigmatismo
c. miopía
d. glaucoma
e. cataratas

CAPÍTULO 13 - Respuestas a las preguntas de opción múltiple.

1. C
2. A
3. D
4. B
5. C
6. B
7. E
8. A
9. C
10. D
11. B
12. A
13. B
14. A
15. B
16. D
17. A
18. D
19. B
20. B
21. D
22. A
23. E
24. D
25. A
26. B
27. C
28. C
29. A
30. C
31. A

32. B
33. B
34. A
35. C
36. A
37. D
38. B
39. E
40. C
41. D
42. E
43. A
44. B
45. A
46. E
47. B

ANEXO

La mayoría de todos los textos de Anatomía y Fisiología Humana tienen exactamente el mismo material en ellos. Los mejores que tienen miles de ilustraciones y ejemplos. Usted puede elegir el que más te guste o el que el instructor ha seleccionado. A continuación se muestra una lista de los textos utilizados como referencia.

MarieB, Elaine y Katja Hoehn. Anatomía y Fisiología Humana. Benjamin-Cummings Pub Co; (30 de mayo, 2006).

Martini, Frederic; William C. Ober, Claire W. Garrison, Kathleen Welch y Ralph T. Hutchings. Fundamentos de Anatomía y Fisiología. 5ª ed. División College Hall Prentice. De enero de 2001.

McKinley, Michael; Valerie O'Loughlin y Theresa Biddle. Anatomía y Fisiología. 1ed McGraw Hill Science. 06 de enero 2012

Patton, Kevin T. y Gary A. Thibodeau. Anatomía y Fisiología. 7ª ed. Mosby. (26 de febrero de 2009).

Saladino, Kenneth S. Anatomía y Fisiología. Educación Superior McGraw Hill; Quinta edición (15 de febrero de 2009)

Seeley, Rod R., Trent D. Stephens, y Philip Tate. Anatomía y Fisiología. 9ª ed. Boston, Mass. McGraw-Hill, 2010.

Shier, David; Ricki Lewis y Jackie Butler. Agujeros anatomía y fisiología humana. 9ª ed. McGraw-Hill. 2009.

Tortora, Gerard J. y Bryan Derrickson. Introducción a la del cuerpo humano. 9ª ed. John Wiley and Sons, Inc. 2012.

www.ingramcontent.com/pod-product-compliance
Lightning Source LLC
Chambersburg PA
CBHW051635170526
45167CB00001B/207